できる fit

JN026805

LINE &
Instagram &
インスタグラム
Facebook &
フェイスブック
Twitter
ツイッター
基本&
やりたいこと
140

田口和裕・森嶋良子・毛利勝久 & できるシリーズ編集部

インプレス

本書の読み方

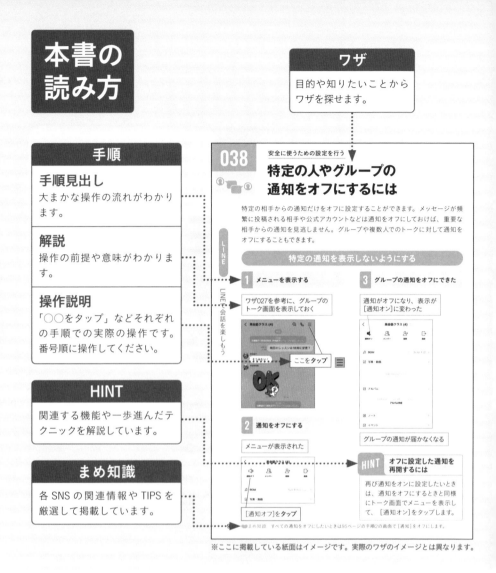

ワザ
目的や知りたいことから
ワザを探せます。

手順

手順見出し
大まかな操作の流れがわかります。

解説
操作の前提や意味がわかります。

操作説明
「○○をタップ」などそれぞれの手順での実際の操作です。番号順に操作してください。

HINT
関連する機能や一歩進んだテクニックを解説しています。

まめ知識
各 SNS の関連情報や TIPS を厳選して掲載しています。

038　安全に使うための設定を行う

特定の人やグループの通知をオフにするには

特定の相手からの通知だけをオフに設定することができます。メッセージが頻繁に投稿される相手や公式アカウントなどは通知をオフにしておけば、重要な相手からの通知を見逃しません。グループや複数人でのトークに対して通知をオフにすることもできます。

特定の通知を表示しないようにする

1 メニューを表示する

ワザ027を参考に、グループのトーク画面を表示しておく

ここをタップ

2 通知をオフにする

メニューが表示された

[通知オフ]をタップ

3 グループの通知をオフにできた

通知がオフになり、表示が[通知オン]に変わった

グループの通知が届かなくなる

HINT オフに設定した通知を再開するには

再び通知をオンに設定したいときは、通知をオフにするときと同様にトーク画面でメニューを表示して、[通知オン]をタップします。

まめ知識 すべての通知をオフにしたいときは95ページの手順2の画面で[通知]をオフにします。

※ここに掲載している紙面はイメージです。実際のワザのイメージとは異なります。

本書に掲載されている情報について

・本書で紹介する操作はすべて、2023 年 4 月現在の情報です。
・本書では、au、ソフトバンクと契約している、iOS 16.4.1 が搭載された iPhone X14、au と契約している、Android 13 が搭載された Galaxy A53 を前提に操作を再現しています。
・本文中の価格は税抜表記を基本としています。

「できる」「できるシリーズ」は、株式会社インプレスの登録商標です。

本書に記載されている会社名、製品名、サービス名は、一般に各開発メーカーおよびサービス提供元の登録商標または商標です。なお、本文中には ™ および ® マークは明記していません。

まえがき

本書は、いま日本でもっとも利用されている4つのコミュニケーションアプリをスマートフォンで自在に活用するためのガイドブックです。

第1章では完全無料でテキストメッセージと音声通話が可能なメッセンジャーアプリの「LINE」（ライン）について解説します。スマートフォンの電話番号を使って登録するので、友だちとのちょっとした連絡がしやすく、いまやメールや電話をおびやかす勢いです。フォローするとお得な情報などがもらえる企業アカウントも多数あります。

第2章では写真をメインにしたコミュニケーションアプリの「Instagram」（インスタグラム）について解説します。スマートフォンで撮影した写真や動画を手軽にアップロードすることで、世界中のユーザーと交流できます。人気のあるユーザーは「インフルエンサー」と呼ばれ大きな影響力を持っています。写真や動画を使ったスライドショーが作成できる機能「ストーリーズ」も人気です。

第3章では世界最大のソーシャルネットワーキングアプリの「Facebook」（フェイスブック）について解説します。世界中で20億人以上のユーザーが実名を使ってコミュニケーションをしているFacebookは、テキストや写真の投稿はもちろん、インターネット上のあらゆるコンテンツを「シェア」し、友だちに広められるのが大きな特徴です。

第4章では短文を投稿するコミュニケーションアプリの「Twitter」（ツイッター）について解説します。日本語だと140文字、英数字なら最大280文字までの「つぶやき」を投稿することで、多くの人とコミュニケーションをとることができます。リアルタイムな情報をすばやく入手できるツールとしても優秀です。

各章は独立して構成されているので、頭から読まなくても、必要なところだけを参照することが可能です。この本があなたのスマートフォンライフに役立つことを祈ります。

2023年4月

田口和裕　森嶋良子　毛利勝久

アプリのインストール方法

本書で紹介しているサービスは、アプリを使って操作します。それぞれのサービスに専用のアプリがありますが、アプリのインストール方法は同じなので、あらかじめ5つのアプリをインストールしておきましょう。

LINE

Instagram

Facebook

Twitter

iPhoneの操作

Android の手順は 6 ページから

[App Store]からアプリをインストールする

1 [App Store]を起動する

ホーム画面で [App Store]を
タップ

2 検索画面を表示する

[App Store]が表示された

[検索]を**タップ**

3 アプリを検索する

検索画面が表示された

❶ アプリ名（ここでは「twitter」）を入力

❷ [twitter]を
タップ

4 アプリをインストールする

アプリが検索された

❶ [入手]を
タップ

❷ [インストール]を**タップ**

5 サインインする

[Apple IDでサインイン]
画面が表示される

❶ Apple IDのパスワードを**入力**

❷ [サインイン]
を**タップ**

[完了]と表示される

6 アプリをインストールできた

インストールが完了すると、[開く]と表示される

[開く]をタップすると、
アプリを起動できる

●アプリの起動方法

ホーム画面でアプリのアイコンを
タップすると起動する

次のページに続く→

[Playストア]からアプリをインストールする

1 [Playストア]を起動する

ホーム画面またはアイコンの
一覧画面を表示しておく

[Playストア]を**タップ**

2 検索画面を表示する

[Playストア]が表示された

[アプリやゲー
ムを検索する]
を**タップ**

3 アプリを検索する

検索画面が表示された

❶アプリ名 (ここでは
「twitter」)を**入力**

❷ [twitter]を**タップ**

4 アプリのインストールをはじめる

アプリの画面が表示された

[インストール]を**タップ**

5 アプリをインストールできた

アプリのインストールがはじまった

インストールが完了すると、
[開く]と表示される

[開く]を**タップ**

6 アプリを起動できた

インストールしたアプリが起動した

●アプリの起動方法

アプリの一覧でアプリのアイコン
をタップすると起動する

目次

第1章 LINEで会話を楽しもう

—— LINEをはじめる

—— 友だちを増やす

第2章 Instagramで写真を共有しよう

第3章 Facebookで近況を伝え合おう

第4章 Twitterでつぶやきを楽しもう

用語集

LINE、Instagram、Facebook、Twitterには聞きなれない用語があります。また、いくつかのSNSに共通する用語もあります。ここでは、覚えておきたい用語をかんたんに解説しました。

共通の用語	
いいね！	Instagram、Facebook、Twitter で使える。投稿の下に表示されるアイコンをタップするだけで、内容に共感したことを手軽に伝えることができる。Instagram と Twitter ではハートマーク、Facebook では親指を上げた特徴的なサムズアップのアイコンが使われる。
ストーリーズ （LINE はストーリー）	通常の投稿とは別に、写真や動画の投稿やライブ配信などができる機能。24 時間しか表示されず、アーカイブされるのが特徴。Instagram と Facebook では相互にシェアできる。LINE にも同様の機能がある。
タイムライン	投稿が並んで表示されている画面を表すが、サービスによって使われ方が少し違うので注意。Twitter ではアプリで最初に開くホーム画面のことで、フォローやおすすめなどこれから読むさまざまな投稿が並ぶ。Facebook では、ユーザーのプロフィールページで時系列に並んだ投稿のこと。Twitter でいうタイムラインを、Facebook ではニュースフィードと呼ぶ。
ダイレクトメッセージ	Instagram と Twitter と Facebook では通常の投稿とは異なり、特定の相手とプライベートなメッセージや写真を LINE のように交換できる。メッセージできる相手はサービスのデフォルトやユーザーの設定により、友達やフォロー関係にないユーザーには送れないこともある。複数のユーザーで会話できるグループチャット（グループ会話）も、それぞれサポートされている。
ダークモード	最近のスマートフォンは白を背景とした明るい画面でなく、黒い背景の配色もサポートし、時間帯や見やすさなどで使い分けられる。Instagram と Twitter と Facebook では、アプリの見た目をこのダークモードに設定できる。
通知	新しい投稿や ［いいね］ など、サービスごとにさまざまな状況をスマートフォンに通知してくれる。Instagram と Twitter と Facebook には、アプリを立ち上げてから通知をまとめて確認できる画面がある。
フィード （ニュースフィード）	Facebook で、友達やページなどのこれから読むさまざまな投稿が並ぶホーム画面のこと。Instagram でも同様の画面を公式にはフィードというが、一般には Twitter にならってタイムラインと呼ばれることもある。
認証バッジ	なりすましを防ぐため、本人であることを証明するバッジ。Instagram ではプロフィール画面に、Facebook ではタイムラインに表示される。著名人、有名人などしか利用できない。なお、Twitter では有料制サブスクリプション「Twitter Blue」でバッジを付けることができる。
フィッシング	ユーザーをだましてパスワードなどをだましとること。対応が必要なお知らせや有益な情報を装って、偽のログインページなどがダイレクトメッセージやコメントで届くことがあるので注意。送信者を運営に「報告」したり、ブロックしたりできる。
フォロー	あるユーザーが公開した投稿を購読すること。Instagram と Twitter で使われる。Facebook でも公式ページや、フォローが許可されているユーザーをフォローできる。
フォロワー	自分をフォローしている人。自分の投稿を見ることができる。

ブロック	つながりを絶ちたいユーザーをブロックすると、自分からはそのユーザーが見えなくなり、そのユーザーからも自分が見えなくなる。フォローや友だちも解除される。相手に通知されることはないが、プロフィールや投稿が表示できないためブロックしていることを相手に知られることはありうる。
プロモーション（広告）	Twitter のタイムライン、Instagram と Facebook でいう（ニュース）フィードには、ユーザーの属性や興味関心に応じた広告や宣伝の投稿も表示される。広告を減らしたり消したりはできないが、企業や種類などはカスタマイズできる。また、自分が料金を払って広告を出すこともできる。
ミュート	Instagram と Twitter で、フォローしたまま相手の投稿が流れてこないようにする機能。ブロックと違って相手はこちらの投稿を変わらず目にできるので気づかれることが少なく、関係を維持したまま距離を置くことができる。Facebook では「フォローをやめる」ことで同様のことができる。

LINE の用語

LINE VOOM	従来はタイムラインと呼ばれていた機能が動画プラットフォームに生まれ変わった。動画を投稿して、多くの人と交流を行うことができる。
LINE ウォレット	LINE の決済関連サービスがまとまったタブのこと。LINE Pay や LINE 証券などの資産情報、LINE ポイント、クーポンなどがまとめられている。
既読	メッセージを表示すると送信した相手側には「既読」と表示され、読んだことがわかるようになっている。メッセージを読んでも返事を送らないことを「既読スルー」という。
グループ	複数人でトークや通話を行ったり、ノートやアルバムを共有したりできる機能。
コイン	LINE アプリ内で有料スタンプや着せかえなどを購入するときは、仮想通貨の「コイン」を利用する。まずはお金を払ってコインをチャージしよう。
公式アカウント	企業やアーティストなどがプロモーションのために用意したアカウントのこと。友だちになると、お得な情報などが送られてくる。
スタンプ	LINE のトークで使えるイラストのこと。あいさつやいろいろな感情をイラストで送ることができる。LINE オリジナルキャラクターのスタンプも人気。アニメーションスタンプもある。
トーク	LINE で、相手とやりとりするチャット。文字やスタンプ、絵文字が使えるほか、画像や動画、位置情報などを送れる。
友だち	メッセージを送りたい相手は、友だち登録をしておく必要がある。相手からの承認は不要で、一方的に友だち登録をすることができる。
ノート	掲示板のように、コメントを付けたりできる機能のこと。機種変更でアカウントを引き継いだときも、ノートの内容は引き継げる。

Instagram の用語

アクティビティ	［いいね！］やコメントが付いた自分の写真、フォロワーが［いいね！］している写真、新しく自分をフォローしたユーザーなどを表示する画面。
シェア	写真を投稿すること。Instagram では「画像を保存するだけ」ということはできず、自分のフォロワーには公開することになる。
ダイレクト	写真や動画をユーザー全体ではなく、特定のユーザーだけに公開する機能。複数のユーザーに同時に公開もできる。
フィルター	1 タップするだけで、撮影した写真や動画の色や質感を変えたり、映画フィルムのようなフレームを付けたりなどさまざまな効果が付けられる機能。
リール	ショート動画を見たり投稿したりできる機能。音楽やエフェクトなどを追加して編集することもできる。

Facebook の用語

Facebook ページ	企業やグループ、著名人、ブロガーなどが、個人のアカウントとは別に作成する公開ページ。[いいね！] するとフォローでき、Facebook ページの投稿が自分のニュースフィードに表示されるようになる。
Messenger	Facebook の友達同士でメッセージをやりとりするためのスマートフォン専用アプリ。
グループ	家族や同僚、チームなど、特定のユーザーと交流するための機能。グループに近況や写真を投稿することで、グループ内のメンバーだけに公開できる。誰でも参加できるオープンなグループもある。
シェア	気になった Web サイトの記事や友達の投稿などを、自分のタイムラインに表示して友達に見てもらう機能。
友達	Facebook の友達機能は相互承認制。友達になりたいユーザーに友達リクエストを送り、それが承認されると友達になる。友達になると、そのユーザーの投稿が自分のニュースフィードに表示されるようになる。
リール	ショート動画を見たり投稿したりできる機能。音楽やエフェクトなどを追加して編集することもできる。

Twitter の用語

スレッド	リプライによって複数のツイートがつながって表示されること。新しいツイートを作成する際に、複数を追加してまとめて投稿することもできる。スレッドになっていると話題がわかりやすく、関連の情報も見つけやすい。
ツイート	Twitter に表示される文章のこと。日本語では最大 140 文字までの制限がある。「つぶやき」という場合もある。
ツイートアクティビティ	ツイートの閲覧数や反応の詳細を見ることができる画面。ツイートの画面で「ツイートアクティビティを表示」をタップする。
投票	ツイートを作成するときに、複数の選択肢から質問に答えるアンケート形式の投稿ができる。タイムラインに表示されるアンケートに自由に投票して、結果を見ることもできる。
トレンド	検索ページに表示されるトレンドは、そのときもっとも人気があると判断された話題やハッシュタグ。ユーザーのいる場所やフォローしているアカウントやトピックなどからカスタマイズされる。
ハッシュタグ	ハッシュ記号（#）ではじまるキーワード。ツイート中のハッシュタグをタップすると、同じタグを含むツイートが検索できる。
メディア	自分やほかのユーザーのプロフィールの［メディア］タブでは、ツイートとともに投稿した写真や動画がタイムライン形式で一覧できる。
メンション	ツイートの中で、ほかのユーザー名の前に @ 記号を付けて記述すると、相手への言及（メンション）として通知される。@ ユーザー名が文頭に来る場合は「リプライ」と呼ばれ、動作も異なる。
リスト	興味や関心、どういった関係かによってグループ分けしたユーザーの一覧。フォローとは別に作成でき、リストごとのタイムラインを見ることもできる。
リツイート	自分以外のユーザーの発言を自分のフォロワーに転送すること。元の発言をそのまま転送するほか、自分のコメントを付けることもできる。
リプライ	返信アイコンをタップして、ほかのユーザーのツイートに返信すること。自分と @ ユーザーの両方をフォローしている人にしか表示されないほか、ほかの SNS と連携していても転送されないことが多い。

第1章

LINEで会話を楽しもう

001

LINEをはじめよう
ライン

LINEは、無料でメッセージのやりとりや音声通話などが行えるコミュニケーションツールです。2011年6月のサービス開始以来、スマートフォンの普及とともにユーザー数を増やし、今では日本国内で9,400万人※が利用しています。

※2022年12月現在

●みんなが使っている無料メッセージ&電話アプリ

LINEは、いまやほとんどのスマートフォンユーザーが登録しているといっても過言ではないほどのアプリです。お互いのスマートフォンにLINEがインストールしてあれば、無料でメッセージのやりとりが可能になります。このメッセージのやりとりを「トーク」といいます。また、友だちになっている人同士で、無料で音声通話やビデオ通話を楽しむことができます。3人以上での会話も可能です。

トークでは文字のメッセージで会話できる

音声通話も無料でできる

●まめ知識　LINE誕生のきっかけは東日本大震災。いつでもつながる連絡手段として開発されました。

LINEでできることを知ろう

LINEの主な機能は、メッセージのやりとりと音声通話です。友だち同士で、文字やスタンプ、写真などを送り合って、コミュニケーションをとることができます。また、音声通話やビデオ通話で会話を楽しめます。利用料金は、スタンプ購入など一部の機能を利用する場合を除き、無料です。

●グループでトークしよう

LINEでは、3人以上のグループでもトークできます。友だち同士で遊びに行く際の待ち合わせの連絡や、旅行の事前相談をしたりといったことにも使えます。家族でグループを作れば、手軽な連絡帳としても使えます。

●スタンプで楽しめる

LINEのトークでは、「スタンプ」というイラストを送り合うことで、言葉では表現しきれない気分や感情を伝えられます。うれしい連絡に楽しげなスタンプを使うほか、ちょっと残念な感じや、落ち込んだ気分、怒りといった感情を気軽に表現できるのが人気です。

●公式アカウントから情報を集められる

LINEでは、企業や有名人、店舗、テレビ番組などが情報を提供するための公式アカウントがあります。友だちになると、アカウントからのお知らせがトークで送られてくるほか、無料スタンプやお得なクーポンなどが手に入ることがあります。

LINE

Instagram

Facebook

Twitter

003

LINEの初期設定をしよう

LINEを利用するために、初期設定を行いましょう。まずはアプリをインストールして起動し、アカウントを作成します。なお、登録には電話番号を利用して本人確認を行うため、基本的には、スマートフォン1台につき1つのアカウントしか登録できません。

LINEの初期設定を行う

1 LINEを起動する

4〜7ページを参考に、[LINE]アプリをインストールしておく

[LINE]を**タップ**

2 LINEの登録をはじめる

LINEが起動した

[新規登録]を**タップ**

●まめ知識　LINEは海外でもサービスを提供しています。インドネシア、タイ、台湾でも人気です。

3 認証番号をSMSで送信する

Androidでは [次へ] – [許可]の順に
タップすると、電話番号が自動で入
力される

電話番号の入力画面が表示された

❶自分の電話番号を**入力**

❷ここを**タップ**

認証番号の送信を確認する
画面が表示された

❸電話番号を**確認**

❹ [送信] (Androidで
は [OK])を**タップ**

4 認証番号を確認する

❶iPhoneのホーム画面
に戻って [メッセージ]を
タップして起動

Androidの場合はアプリ一覧で
[SMS]をタップして起動する

❷認証番号を確認

LINE

Instagram

Facebook

Twitter

次のページに続く—→

5 認証番号を入力する

❶ 再びLINE に戻ってくる ❷ 認証番号 を入力

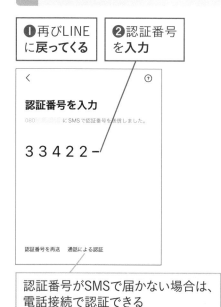

認証番号がSMSで届かない場合は、 電話接続で認証できる

6 アカウントを新規登録する

[すでにアカウントをお持ちです か?]画面が表示された

ここではアカウントを引き継がない

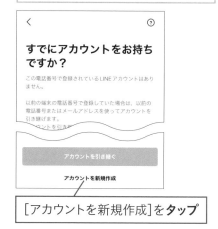

[アカウントを新規作成]を**タップ**

HINT **機種変更で乗り換えたときは**

初めてLINEアプリを起動したときにログインを行うことで、 機種変更前に 使っていたアカウントを引き継ぐことができます。 QRコードで引き継ぐ場合 は、 機種変更前のスマートフォンでQRコードを表示しておきましょう。 電話 番号を使って引き継ぐこともできます。

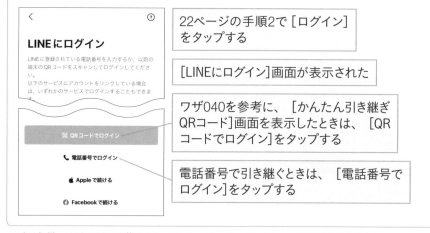

22ページの手順2で [ログイン] をタップする

[LINEにログイン]画面が表示された

ワザ040を参考に、 [かんたん引き継ぎ QRコード]画面を表示したときは、 [QR コードでログイン]をタップする

電話番号で引き継ぐときは、 [電話番号で ログイン]をタップする

7 名前を入力する

[アカウントを新規登録] 画面が
表示された

❶名前を入力　**❷ここをタップ**

名前はあとで変更できる (ワザ005)

8 パスワードを登録する

[パスワードを登録] 画面が
表示された

❶パスワードを入力

❷ここをタップ

9 友だち追加の設定をする

連絡先へのアクセスをたずねる画面
が表示されたときは、 [OK] を続け
てタップする

ここではスマートフォンの
アドレス帳を利用しない

**❶ [友だち自動追加] のここを
タップしてチェックマークを外す**

友だち追加設定

以下の設定をオンにすると、LINEは友だち追加のため
にあなたの電話番号や端末の連絡先を利用します。
詳細を確認するには各設定をタップしてください。

友だち自動追加

友だちへの追加を許可

**❷ [友だちへの追加を
許可] のここをタップし
てチェックマークを外す**

タップでチェック
マークを付けた
り外したりできる

**❸ここを
タップ**

LINE

Instagram

Facebook

Twitter

次のページに続く →

10 年齢確認をはじめる

[年齢確認]画面が表示された ┃ ここではauを例に解説する

[auをご契約の方]を**タップ**

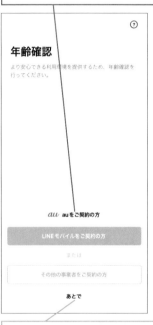

年齢確認をしない場合は[あとで]をタップして手順13から操作する

HINT 「友だち自動追加」は行わないほうがいいの?

前ページの手順9で「友だち自動追加」を行うと、アドレス帳に登録されている人が自動的に友だちに追加されます。親しくない人が友だちに追加される可能性があるため、行わないほうが安心です。詳しくはワザ034で解説します。

11 au IDでログインする

au IDのログイン画面が表示された

❶au IDを**入力**

❷[次へ]を**タップ**

❸パスワードを**入力** ┃ ❹[ログイン]を**タップ**

2段階認証が必要な場合は、画面の指示に従って操作する

---

12 利用規約に同意する

[年齢確認 利用許諾] 画面が表示された	❶ [利用規約を読む (必読)]を**タップ**

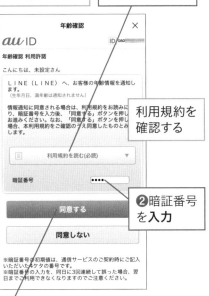

利用規約を確認する

❷暗証番号を入力

❸ [同意する]を**タップ**	処理が完了する

13 情報利用に同意する

情報利用について許可を求める画面が表示された

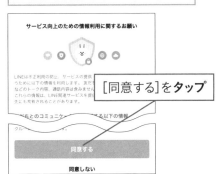

[同意する]を**タップ**

14 位置情報の利用に同意する

位置情報の利用について許可を求める画面が表示された

❶ [OK]を**タップ**

❷ [Appの使用中は許可] (Androidでは [アプリの使用時のみ] - [許可]) を**タップ**

❶の画面に戻ったときは [OK]をタップする

広告のトラッキングの画面が表示されたときは [Appにトラッキングしないように要求] を、Bluetoothや通知の許可の画面が表示されたときは [OK]または [許可]をタップする

次のページに続く→

15 LINEの初期設定ができた

LINEの初期設定が完了した

[ホーム]画面が表示された

HINT 年齢確認が必要な理由

18歳未満のユーザーは、LINEのID設定とID検索、電話番号を利用した友だち検索、オープンチャットの一部機能を利用することができません。年齢確認によって18歳以上であることが証明されれば、年齢制限があるそれらの機能を使えるようになります。

HINT 電話番号を変更するには

スマートフォンの機種変更をする際に、電話番号が変わる場合があります。QRコードを使ってアカウントの引き継ぎを行うと、以前の電話番号が登録されたままになってしまうため、新しい電話番号に変更しておきましょう。ワザ005手順2の[プロフィール]画面で[アカウント]をタップし、[電話番号]をタップします。新しい電話番号を入力して[次へ]をタップし、届いたSMSに記載されている認証番号を入力します。

004

LINEの画面を確認しよう

LINEアプリは、機能別に画面が用意されています。iPhone・Androidとも下部に
それぞれの画面を表すアイコンが並んでいて、タップすると画面を切り替えるこ
とができます。［ホーム］［トーク］［VOOM］［ニュース］［ウォレット］の5種類
の画面が用意されています。

LINEアプリの画面構成（［ホーム］画面）

iPhoneの画面

Androidの画面

❶ ［ホーム］画面。友だちの追加（ワ
ザ009 ～ 012）やスタンプ（ワザ016
～ 017）の購入や、プロフィール変更
などの［設定］画面を表示する

❷ ［トーク］画面。過去のトーク履歴
を見られるほか、ここからグループ
も作成する

❸ ［VOOM］画面。ショート動画や友
だちのストーリーが見られる

❹ ［ニュース］画面。さまざまなジャン
ルのニュースが表示される

❺ ［ウォレット］画面。LINE Payをは
じめ、LINEの決済系各種サービス
が表示される

次のページに続く→

❷ [トーク]画面

LINEの中心的な画面。過去のトーク履歴を閲覧でき、そこからトークを続けることもできる

❸ [VOOM]画面

[フォロー中]タブではフォローしている友だちの投稿や、ストーリーが表示される

❹ [ニュース]画面

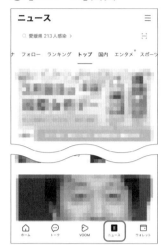

エンタメやスポーツなど、さまざまなジャンルのニュースを閲覧することができる

❺ [ウォレット]画面

電子マネーのLINE Payのほか、LINE証券などのサービスが利用できる

●まめ知識 [ホーム]画面からLINE MUSICなどLINEのほかのサービスを開くことができます。

自分の名前を設定しよう

初期設定時に登録した名前をあとで変更することができます。本名を登録する必要はありませんが、名前は [トーク] 画面や [友だちリスト] 画面に表示されるため、ほかの人から見て、あなただとわかる名前にしておいたほうが親切です。なお、名前は何度でも変更できます。

プロフィールに名前を設定する

1 [設定]画面を表示する

❶[ホーム]をタップ

❷ここをタップ

2 [プロフィール]画面を表示する

[設定]画面が表示された

[プロフィール]をタップ

LINE

Instagram

Facebook

Twitter

次のページに続く━━→

3 [名前]画面を表示する

[プロフィール]画面が表示された

[名前]を**タップ**

4 名前を変更して保存する

[名前]画面が表示された

❶変更したい名前を**入力**

❷[保存]を**タップ**

プロフィールに名前を設定できた

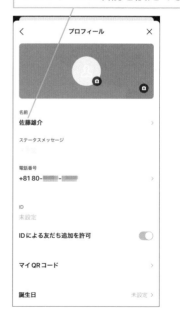

●まめ知識　格安SIMのLINEMOでは、トークや通話を行ってもデータ量がカウントされません。

LINE

LINEで会話を楽しもう

006

LINEをはじめる

ステータスメッセージを設定しよう

[友だちリスト] 画面で、友だちの名前の右側に短い文章が表示されている場合があります。この文章を「ステータスメッセージ」と呼びます。文字だけでなく絵文字も設定することができます。今の気分や、近況報告、自己紹介など、自分のステータスを伝える場所として利用するといいでしょう。

プロフィールにステータスメッセージを設定する

1 メッセージ入力画面を表示する

ワザ005を参考に、[プロフィール]画面を表示しておく

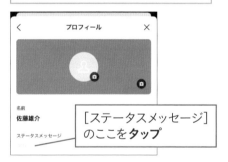

[ステータスメッセージ]のここを**タップ**

2 ステータスメッセージを入力する

❶メッセージを入力

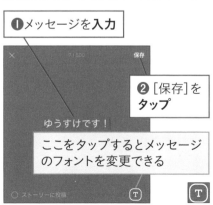

❷[保存]を**タップ**

ここをタップするとメッセージのフォントを変更できる

3 ステータスメッセージが設定できた

ステータスメッセージが入力できた

ここをタップすると[ホーム]画面に戻る

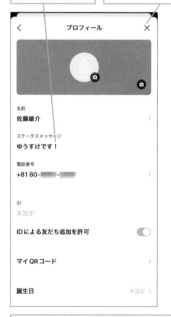

Androidでは⟨をタップすると[設定]画面に戻る

LINE

Instagram

Facebook

Twitter

007

LINEをはじめる

自分の画像を設定しよう

自分の画像を設定しておくと、［トーク］画面や［ホーム］画面で、あなたのアイコンとして表示されます。顔写真やイラストなど、自分らしい画像を使用するといいでしょう。ここではあらかじめスマホ内に保存してある画像を利用する手順を紹介しますが、その場で写真を撮影して使うこともできます。

LINE

LINEで会話を楽しもう

プロフィールにアイコンを設定する

1 画像の一覧を表示する

ワザ005を参考に、［プロフィール］画面を表示しておく

ここでは、撮影済みの写真を選択する

❶このアイコンを**タップ**

❷［写真または動画を選択］を**タップ**

2 写真へのアクセスを許可する

［すべての写真へのアクセスを許可］を**タップ**

3 画像を選択する

使用したい写真を**タップ**

●まめ知識 ［ホーム］画面上部のベルのアイコンをタップするとLINEからの通知が表示されます。

画像をトリミングする画面が
表示された

❶写真を**ドラッグ**して
枠の位置を移動

写真をピンチイン/
ピンチアウトすれば
拡大・縮小ができる

❷ [次へ]
を**タップ**

ここの各アイコンをタップ
すると写真を加工できる

[完了]を**タップ**

設定した写真がサムネイルで
表示される

HINT 自分の画像を動画にするには

自分のアイコンには、動画を設定することもできます。手順3の画面で、使
用したい動画を選択し、使用範囲を決めて [次へ] をタップします。次に使
用する動画の部分を設定します。最大で6秒間の動画を使用することがで
きます。
なお、手順1の❷の画面で [カメラで撮影] を選ぶとカメラが起動し、その場で
写真や動画を撮影してアイコンに使用することもできます。

LINE
Instagram
Facebook
Twitter

008 LINEをはじめる

検索用のIDを設定しよう

IDを設定しておくと、電話番号を知らせずに、自分のアカウントを他人に教えることが可能になります。IDは一度設定すると変更できないので、慎重に決定しましょう。なお、IDの検索を利用するためには、年齢確認を済ませておく必要があります。

プロフィールにIDを設定する

1 [ID]画面を表示する

ワザ005を参考に、[プロフィール]画面を表示しておく

[ID]のここを**タップ**

2 IDが使用可能かどうか確認する

[ID]画面が表示された

❶使用したいIDを**入力**

❷[使用可能か確認]を**タップ**

HINT あとで年齢確認するには

ワザ003の初期設定で年齢確認していなくても、あとで年齢認証できます。ワザ005の手順1を参考に[設定]画面を表示し、[年齢確認]をタップして確認をはじめてください。

LINE

LINEで会話を楽しもう

36　まめ知識　ホーム画面のLINEのアイコンをロングタップするとLINEの機能をすぐに使用できます。

3 IDを登録する

ID を利用でき
ることが確認
された

IDが利用できない
場合は、再度別
のIDを入力する

[保存]を**タップ**

4 LINEのIDを作成できた

[プロフィール]画面が表示された

作成したIDが登録されている

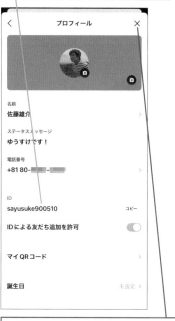

[×]（Androidでは<）を**タップ**

[プロフィール]画面が閉じる

LINE

Instagram

Facebook

Twitter

HINT　**希望のIDが利用できなかったときは**

希望したIDをすでに誰かが使用していた場合は、残念ながら使うことがで
きません。どうしてもその文字を使いたい場合は、末尾に数字を追加したり、
ピリオドなどの記号を入れてみるといいでしょう。

友だちを増やす

ID検索して友だちを追加しよう

LINEでは、会話や無料通話を行う相手を、あらかじめ友だちに追加しておきます。追加する方法はいくつかありますが、まずはIDを使った検索方法を覚えておきましょう。ID設定をする必要があり、18歳未満は利用できませんが、メールやSMSなどさまざまな手段で伝えられて便利です。

LINE

LINEで会話を楽しもう

友だちをIDで検索して追加する

1 [友だち追加]画面を表示する

❶ [ホーム]をタップ

❷ここをタップ

2 ID検索をはじめる

[友だち追加]画面が表示された

[検索]をタップ

●まめ知識 「オープンチャット」は友だち以外の人ともトークなどで広く交流できる機能です。

3 友だちのIDを検索する

[友だち検索]画面が表示された

❶[ID]を
タップ

❷追加したい友だち
のIDを**入力**

❸ここを**タップ**　Q

4 友だちを追加する

検索結果が表示された

❶友だちのアカウント
であることを確認

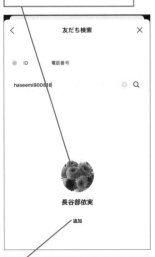

長谷部依実

追加

❷[追加]（Androidでは[友だち
リストに追加]）を**タップ**

5 友だちが追加された

[トーク]と表示された

[×]（Androidでは[<]）を
タップ

haseemi900818

6 IDから友だちを追加できた

[ホーム]画面が表示された

佐藤雄介
ゆうすけです！

BGMを設定

Q 「3.11」検索で寄付しよう

友だちリスト　　　　　　すべて見る

友だち
長谷部依実　　　　　　　　1>

グループ作成
友だちとグループを作成します。

サービス　　　　　　　　すべて見る

スタンプ　着せかえ　LINEギフト　LINE MUSIC

ホーム　トーク　VOOM　ニュース　ウォレット

[友だち]をタップすると[友だちリス
ト]画面で友だち一覧を確認できる

友だちを増やす

QRコードを作って友だちに 追加してもらおう

QRコードを使って、自分のことを友だちに追加してもらうことができます。友だちが近くにいるときなら、QRコードを表示して読み取ってもらうことで友だち追加が可能です。その場にいないときは、メールなどでQRコードの画像を送信すれば、友だちに追加してもらうことができます。

QRコードで友だちに追加してもらう

1 [マイQRコード]画面を表示する

ワザ009を参考に、[友だち追加]画面を表示しておく

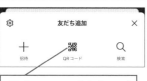

❶[QRコード]を**タップ**

カメラへのアクセス許可を求められたときは、[続行]–[OK]（Androidでは[アプリの使用時のみ]）をタップする

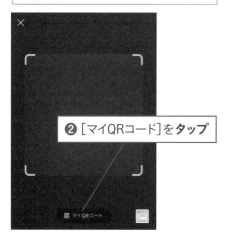

❷[マイQRコード]を**タップ**

2 QRコードを表示できた

QRコードが表示された

このQRコードを次のワザ011の手順で相手に読み込んでもらえば友だちに追加される

まめ知識　メールでQRコードを受信したときは画像を保存してから手順1の❷で右下の四角をタップします。

友だちを増やす

知り合いのQRコードから 友だちを追加しよう

知り合いにQRコードを作ってもらえば、簡単に友だちに追加することができます。その場でQRコードを表示してもらって、直接カメラから読み込んで友だちに追加する方法のほか、QRコードの画像をメールなどで送ってもらっても、友だちに追加することができます。

QRコードで友だちを追加する

1 QRコードを認識する

ワザ010を参考に、QRコードリーダー画面を表示しておく

❶追加したい友だちのQRコードに**カメラを向ける**

自動的に認識され、友だちの詳細画面が表示された

❷[追加]を**タップ**

2 QRコードから友だちを 追加できた

友だちが追加できた

[トーク]をタップすると、すぐに相手とのトークがはじめられる

[×]をタップすると[友だちリスト]画面が表示される

LINE

Instagram

Facebook

Twitter

友だちを増やす

自動表示される候補から
友だちを追加しよう

友だちに追加する方法として、自動的に表示される候補から選ぶ方法もあります。「知り合いかも?」の欄には、あなたのことをLINEの友だちに追加したユーザーが表示されます。知り合いに自分のことを友だちに追加してもらったあとに、簡単に友だち追加ができる便利な機能です。

LINE

LINEで会話を楽しもう

「知り合いかも?」の候補の中から友だちを追加する

1 友だちを選択する

ワザ009を参考に、[友だち追加]
画面を表示しておく

[知り合いかも?]には自分を友
だちに追加してくれたユーザーが
表示される

追加したい友だちを**タップ**

2 友だちを追加する

友だちの詳細が表示された

❶友だちのアカウントで
あることを**確認**

❷ [追加]を**タップ**

　　●まめ知識　よく連絡する友だちはプロフィール画面の☆をタップして [お気に入り] に登録すると便利です。

3 [知り合いかも？]から
友だちを追加できた

友だちを追加できた

ここを**タップ** ✕

4 [友だちリスト]画面で確認する

[友だちリスト]画面が表示された

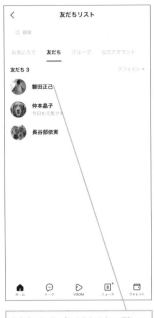

追加した友だちが一覧に
表示される

HINT 友だちの名前を変更するには

友だちの名前は、本名とは限らないため、誰だかわかりづらいことがあります。そんなときは、名前を変更してしまいましょう。ワザ014の手順2の画面で、鉛筆のアイコンをタップすると名前を変更できます。なお、自分の画面での表示が変更されるだけで、友だちには名前を変更したことは伝わりません。

HINT 友だちを削除するには

間違って友だちに追加してしまったときは、友だちを削除しましょう。友だちを削除するには、いったんブロックします（ワザ036）。あとは、93ページ上段の手順2の画面で［削除］をタップしてください。

013

LINEでリアルタイムの
トークを楽しもう

LINEでもっともよく使う機能が「トーク」です。お互いに文字やスタンプなどを送ってリアルタイムでやりとりできます。自分のメッセージが読まれたかどうかは、既読表示によってわかります。相手からの連絡は、わざわざLINEを起動しなくてもスマートフォンの画面に表示されるメッセージ通知で読むことができます。

●トークでは複数で同時に会話できる

LINEでは、[友だちリスト]画面からすぐにトークがはじめられます。友だちと1対1のトークだけでなく、トークメンバーとして友だちを招待すれば、3人以上でも会話できます。トークでは発言がメンバーに読まれたかどうかがわかるようになっています。多人数のトークでは、たとえば自分を含めて3人がメンバーのとき、既読数が2ならば、全員がその発言を読んだことがわかります。

LINE

LINEで会話を楽しもう

3人以上で会話できる

メッセージが届くとスマートフォンの画面に通知が表示される

　●まめ知識　トーク画面で[＋]をタップし[連絡先]を選ぶと、自分の友だちを人に紹介できます。

●絵文字やスタンプで印象を伝えられる

トークでは、文字だけでなく絵文字やスタンプで気分やイメージを伝えることができます。文字だけでは味気ない会話も、絵文字やスタンプを添えると、会話も盛り上がります。楽しかったりうれしかったりする、いい気分だけでなく、残念だったり、怒ってしまったりするような悪感情でも、スタンプや絵文字で表現すれば、印象がやわらいだり、ジョークとして笑いに転換したりすることもできます。

「絵文字」は吹き出し内に表示される小さなイラスト

「スタンプ」は吹き出しの外に単独で表示される大きめのイラスト

●写真や動画も送れる

トークでは、写真や動画も送れます。文章では伝えきれない状況も、写真や動画なら一目瞭然です。事件やイベントの話題なら信頼性が高まり、日常生活の話題ならば、臨場感のあるやりとりを楽しめます。写真だけでなく動画にもフィルターをかけて、美しく編集してから送信できます。受け取ったその場で大きく表示したり、再生したりするだけでなく、受信側の友だちが自分のスマートフォンに保存することもできます。

写真を付けて送れば、リアリティーのある話題で会話を楽しめる

動きのあるものは、動画で送ると特徴が伝わりやすい

014

友だちと2人でトークしよう

友だちとトークするときは、友だちからのトークに返事をする場合と、こちらからコンタクトをとる場合があります。こちらからコンタクトする場合には、まずトークする相手を選択します。すでにトークしたことのある相手なら、トークの履歴を表示して、会話の続きを行うこともできます。

LINE

LINEで会話を楽しもう

友だちを選んでトークする

1 トークしたい友だちを選択する

[ホーム]画面を表示しておく

❶ [友だち]を**タップ**

[友だちリスト]画面が表示された

❷ トークしたい友だちを**タップ**

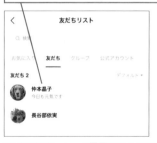

2 トークをはじめる

友だちのページが表示された

[トーク]を**タップ**

●まめ知識　トーク画面でマイクのアイコンをタップすると、音声を録音して送信できます。

3 メッセージを送信する

トーク画面が表示された

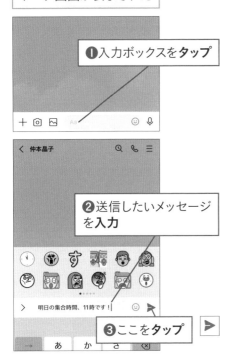

❶入力ボックスを**タップ**

❷送信したいメッセージ
を**入力**

❸ここを**タップ**

4 友だちにメッセージが送信された

送信したメッセージが表示される

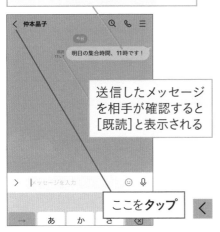

送信したメッセージ
を相手が確認すると
[既読]と表示される

ここを**タップ**

5 トークの履歴が表示された

[トーク]画面が表示された

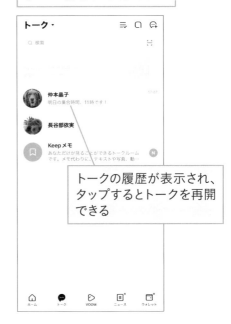

トークの履歴が表示され、
タップするとトークを再開
できる

●相手の画面

相手の画面には受信した
メッセージが白い吹き出し
で表示される

LINE

Instagram

Facebook

Twitter

015

トークや通話を楽しむ

絵文字を付けて気分を伝えよう

メッセージ中に絵文字を使って、いまの気分を伝えてみましょう。笑顔や泣き顔などの表情、ハートマークやピースサインなどの定番絵文字のほかにも、食べ物や乗り物など数多くの絵文字が用意されています。言いづらいメッセージを送るときなどに絵文字をつければ、場の雰囲気を和らげることもできます。

LINE

LINEで会話を楽しもう

絵文字を入力して送信する

1 スタンプと絵文字の選択画面を表示する

ワザ014を参考に、友だちとのトーク画面を表示しておく

❶送信したいメッセージを**入力**

❷ここを**タップ**

2 使用したい絵文字を探す

絵文字の一覧が表示された

ここをタップしても絵文字の一覧を切り替えられる

使用したい絵文字が表示されるまで上に**スワイプ**

48 　まめ知識　追加の絵文字を購入することもできます。動く絵文字もあります。

3 絵文字を選択する

使用したい絵文字を
タップ

ここをタップするとスタンプ
と絵文字を切り替えられる

4 絵文字を付けたメッセージを
送信する

絵文字が入力された

ここを**タップ**

5 絵文字を付けたメッセージを
送信できた

絵文字を含むメッセージが
送信された

ここをタップすると
キーボードに戻る

LINE

Instagram

Facebook

Twitter

016

トークや通話を楽しむ

スタンプで会話を盛り上げよう

LINEのトークに欠かせないのがスタンプです。シーンに合った絵柄やキャラクターのスタンプがたくさん用意されていて、トーク画面で送り合って楽しめます。あいさつや返事の代わり、微妙な気持ちを伝えるときなどにも使えます。

LINE

LINEで会話を楽しもう

スタンプを送信する

1 スタンプの一覧を表示する

ワザ014を参考に、友だちとのトーク画面を表示しておく

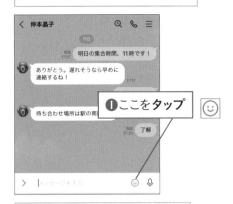

❶ここをタップ

Androidではさらに[スタンプ]をタップする

❷ここをタップ

2 スタンプを選択する

初回はカテゴリーが表示される

ここでは「OK」のスタンプを探す

❶[OK]を**タップ**

❷使用したいスタンプを**タップ**

まめ知識　スタンプの中には動いたり、音が出たりするものもあります。

3 スタンプを確認する

スタンプのプレビューが表示された

ここを
タップ

4 スタンプを送信できた

スタンプが送信された

スタンプをダウンロードする

1 ダウンロードするスタンプの種類を選択する

前ページの手順1を参考に、スタンプを選択する画面を表示しておく

ダウンロードしたい
スタンプを**タップ**

すぐにダウンロードが開始される

2 スタンプをダウンロードできた

ダウンロードが完了した

ダウンロードしたスタンプが
一覧で表示された

スタンプのアイコンを
タップするとそれぞれ
の一覧が表示される

017

スタンプを購入して追加しよう

スタンプには無料のものと有料のものがあります。有料のものは、LINE内通貨のコインをまず購入（チャージ）し、そのコインを使って購入します。なお一度購入したスタンプは、スマートフォンのOSが同じであれば、買い替えてもアカウントを引き継ぐことで再びダウンロードして使えます。

スタンプを選択して購入する

iPhoneの操作

Android の手順は 55 ページから

1 スタンプの購入をはじめる

[ホーム]画面を表示しておく

[スタンプ]
を**タップ**

2 LINEスタンプ プレミアムの
登録をスキップする

[閉じる]を**タップ**

3 購入したいスタンプを探す

ここにスタンプの名前を
入力して検索できる

ここをタップするとスタンプの
ジャンルを切り替えられる

❶ジャンルを左に**スワイプ**

❷ここでは [カテゴリー]を**タップ**

❸ [LINE FRIENDS]を**タップ**

●まめ知識　友だちからのスタンプをロングタップし、[ショップ]をタップすると同じものを購入できます。

4 購入したいスタンプを選択する

購入したいスタンプを**タップ**

5 スタンプの購入に進む

❶スタンプの購入に必要な
コイン数を**確認**

❷[購入する]を**タップ**

6 コインのチャージをはじめる

コインが不足しているとチャージを
確認する画面が表示される

[OK]を**タップ**

7 チャージするコインの金額を選択する

購入する金額を**タップ**

8 コインのチャージを完了する

❶[購入]を**タップ**

❷Apple IDのパ
スワードを**入力**

❸[サインイン]
を**タップ**

❹[OK]を**タップ**

次のページに続く──→

LINE

Instagram

Facebook

Twitter

9 コインがチャージできた

[コインチャージ]画面に戻った

[×]を**タップ**

10 スタンプの購入をはじめる

購入の確認画面が表示された

[OK]を**タップ**

ダウンロードが完了して、メールアドレス登録の画面が表示されたときは、[あとで]をタップする

11 購入を完了する

[OK]を**タップ**

ここをタップして画面を閉じておく ［ < ］

トーク画面を確認すると、購入したスタンプが追加されている

●まめ知識 スタンプ購入画面で[プレゼントする]をタップすると、友だちにスタンプを送れます。

1 スタンプの購入をはじめる

[ホーム]画面を表示しておく

仲本晶子
今日も元気です

[スタンプ]を**タップ**

LINEスタンプ プレミアムの説明画面が表示されたら [閉じる] をタップする

2 スタンプのジャンルを選択する

❶ ジャンルを左に**スワイプ**   ❷ [カテゴリー]を**タップ**

スタンプショップ

人気 新着* 無料* 絵文字* カテゴリー

公式 クリエイターズ

LINEスタンプ プレミアム (783)

ウンド付き (9...

アニメーションスタンプ (768)

LINE FRIENDS (95)

ディズニー (257)

❸ [LINE FRIENDS]を**タップ**

3 購入したいスタンプを選択する

購入したいスタンプを**タップ**

LINE FRIENDS (95)

人気   新着

1   LINE
    LINE FRIENDS 最愛スタンプ！
    100

7   LINE
    大好きブラコニ☆ずーっとラブラ…
    100

4 スタンプを購入する

スタンプ情報画面が表示された

❶ スタンプの価格を**確認**

❷ [購入する]を**タップ**

大好きブラコニ☆ずーっとラ
ブラブ∞
100 保有コイン：0

プレゼントする   購入する

5 コインをチャージする

コインの金額不足の確認画面が表示された

[OK]を**タップ**

コインが不足しています。
チャージしますか？

OK

キャンセル

次のページに続く⟶

LINE

Instagram

Facebook

Twitter

6 チャージするコインの金額を選択する

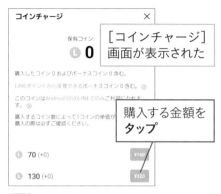

[コインチャージ]画面が表示された

購入する金額をタップ

7 支払い情報を確認する

Google Playの決済画面が表示された

ここではGoogle Playに登録していたクレジットカードで支払う

[購入]をタップ

8 パスワードを入力する

パスワードを確認する画面が表示された

❶ Google Playのパスワードを入力

❷ [確認]をタップ

9 パスワードの入力頻度を確認する

「お支払いが完了しました」と表示された

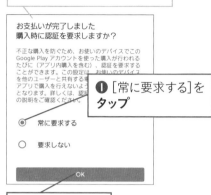

❶ [常に要求する]をタップ

❷ [OK]をタップ

Google Play Pointsの説明画面が表示されたときは、[後で]をタップする

10 スタンプの購入を開始する

スタンプの購入画面が表示された

[OK]をタップ

●まめ知識　無料のスタンプを探すには、スタンプのジャンルで[無料]を選択します。

11 スタンプの購入を確認する

スタンプ購入の確認画面が
表示された

[あとで]を**タップ**

スタンプのダウンロードが
開始される

12 購入の完了を確認する

[購入完了]画面が表示された

ここでは [LINEスタンプ]を
友だちに追加しない

[OK]を**タップ**

13 ダウンロードが完了した

購入したスタンプが
ダウンロードされた

端末の⟨キーを押し
画面を閉じておく

14 購入したスタンプを確認する

トーク画面を表示すると購入した
スタンプが追加されている

複数の友だちとトークしよう

トークは3人以上の人数でも行うことができます。1つのトーク画面で複数の友だちで会話できるので、みんなの予定や意見を聞くのにとても便利ですし、雑談も盛り上がります。自分の送ったメッセージについては、参加している友だちのうち何人が読んだかの情報も表示されます。

LINE

LINEで会話を楽しもう

友だちを複数選んでトークする

1 トークルームを作成する

❶[トーク]をタップ

❷ここをタップ

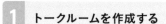

❸[トーク]をタップ

2 トークする友だちを複数選択する

❶トークしたい友だちをタップしてチェックマークを付ける

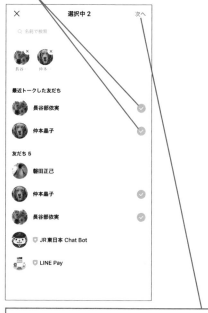

❷画面右上の[次へ](Androidでは[作成])をタップ

●まめ知識　メッセージをロングタップすると、個々のメッセージにリアクションをつけることができます。

3 グループ名を付けて作成する

❶グループ名を**入力**

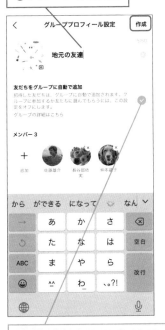

[友だちをグループに自動で追加]
のチェックマークが付いていると、
自動的に友だちもグループに追加さ
れる

❷画面右上の [作成]を**タップ**

HINT

HINT トーク内容を バックアップしよう

大切な相手とのトーク内容は
バックアップをとっておくと安心
です。保存したトーク履歴ファイ
ルをインポートして履歴を復活で
きます。バックアップの方法につ
いてはワザ041で説明します。

---

4 トークをはじめる

トーク画面が表示され、招待した
友だちが参加した

❶送信したいメッセージを**入力**

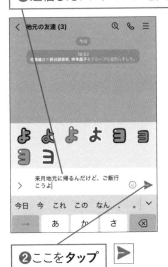

❷ここを**タップ**

5 複数の友だちとトークできた

複数の友だちにメッセージを
送信できた

相手からのメッセージも
自動で表示される

トークや通話を楽しむ

トーク中のメンバーを確認しよう

複数人でトークを行っている場合、誰が参加しているのかすぐにはわかりません。発言やリアクションを行わずに、見ているだけの人がいるかもしれません。参加しているメンバーの一覧を表示する方法があるので、確認してみるとよいでしょう。

LINE

LINEで会話を楽しもう

トーク中の友だちを確認する

1 トーク中の友だちを表示する

ワザ018を参考に、複数の友だちとのトーク画面を表示しておく

❶画面上のバーを**タップ**

❷ここを**タップ** >

Androidでは画面上の友だちのサムネイルをタップする

2 トーク中の友だちを確認できた

トーク中の友だちが一覧で表示された

●まめ知識　メッセージをロングタップすると、スクショやメッセージのコピーをすることができます。

写真や動画を付けて送ろう

トークでは文字やスタンプ以外に、自分で撮った写真や動画を相手に送信できます。送信した写真や動画は、トーク画面上では小さく表示されますが、タップすると大きなサイズで見ることができます。また、送信した写真や動画は保存できるので、受け渡しなどにも利用できます。

友だちに写真や動画を送信する

1 [写真]画面を表示する

ワザ014を参考に、友だちとのトーク画面を表示しておく

❶ここをタップ

メニューが表示された

ここでは撮影済みの写真を選択する

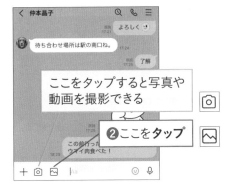

ここをタップすると写真や動画を撮影できる

❷ここをタップ

2 写真を選択する

[最近の項目]画面が表示された（Androidでは[すべて]）

写真のここをタップすると複数の写真を選択できる

送信したい写真を**タップ**

次のページに続く→

LINE

Instagram

Facebook

Twitter

3 写真を送信する

ここをタップするとさまざまなフィルターがかけられる

ここでは写真をそのまま送信する

ここを**タップ**

4 写真を送信できた

写真が送信された

送信した写真がトーク画面にサムネイルで表示された

●相手の画面

送信されてきた写真がトーク画面にサムネイルで表示される

写真を**タップ**

写真が大きな画面で表示された

ここをタップすると写真を[アルバム](AndroidではGoogleフォト)に保存できる

021

無料で音声通話を楽しもう

一般的な電話のように、LINEで音声通話を行うことができます。インターネット回線を利用するため、通話相手の場所や通話時間にかかわらず、別途電話料金はかかりません。回線状況さえよければ、たとえ相手が海外にいたとしても無料で通話ができるのでお得です。

友だちと無料で音声通話をする

1 音声通話する友だちを選択する

ワザ014を参考に、[友だちリスト]画面を表示しておく

音声通話したい友だちを**タップ**

2 友だちと音声通話をはじめる

友だちのページが表示された

[音声通話]を**タップ**

3 友だちの応答を待つ

❶[開始]を**タップ**

マイクへのアクセス許可を求める画面が表示されたときは、[OK]をタップする

❷友だちの応答を**待つ**

呼び出し中に終了したい場合はここをタップする

次のページに続く ⟶

LINE

Instagram

Facebook

Twitter

●相手の画面（スリープ時）

着信が表示された

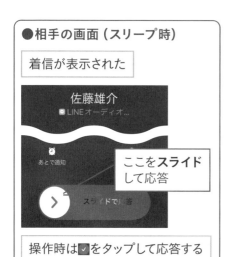

ここを**スライド**して応答

操作時は☑をタップして応答する

4 無料の音声通信がはじまる

友だちとの音声通話がはじまった

ここをタップすると、動画付きで通話できる 🎥

ここをタップすると、スピーカーフォンの状態になる 🔊

ここをタップするとマイクがオフになり、一時的に相手に音声が伝わらなくなる 🎤

5 音声通話を終了する

友だちとの会話が終わった

ここを**タップ** ✕

音声通話が終了する

HINT ビデオ通話を行うには

ここでは音声通話を紹介しましたが、ビデオ通話も行えます。基本的な手順は音声通話と同じです。前ページの手順2で［ビデオ通話］をタップすれば、ビデオ通話をはじめられます。相手が応答すると自動的にインカメラ（自分側のカメラ）に切り替わります。ビデオ通話も無料で利用できますが、音声通話よりも通信量が多いので、パケット定額プランに入っていない場合は注意が必要です。

トークから通話に切り替えよう

トーク画面でメッセージを送り合っているうちに、「実際に話したほうが早い」状況になることがあります。そんなときは、トーク画面から直接相手に音声通話をはじめるメニューを活用しましょう。なお、音声通話を行いながら、同時にトーク画面でメッセージを送ることもできます。

トークから音声通話に切り替える

1 トーク画面から音声通話する

ワザ014を参考に、友だちとのトーク画面を表示しておく

❶ここを**タップ**

メニューが表示された

❷[音声通話]を**タップ**

2 トーク画面から音声通話できた

音声通話がはじまる

会話が終了したらここを**タップ**

音声通話が終了した

3 音声通話時間を確認する

通話時間が表示された

LINE

Instagram

Facebook

Twitter

大切な発言や画像を保存しよう

トークで大切な内容が送られてきた場合、LINE Keepを利用して保存しておくと便利です。発言や画像、ファイルなど、さまざまなものを保存しておくことができます。発言が多いトークでは過去の情報を探し出すのはたいへんですが、LINE Keepを使えばすぐに確認できます。

LINE

LINEで会話を楽しもう

LINE Keepに画像やデータを保存する

1 LINE Keepを表示する

ワザ014を参考に、友だちとのトーク画面を表示しておく

❶保存したいデータを**ロングタップ**

❷[Keep]を**タップ**

2 保存するデータを選ぶ

[Keepに保存]画面が表示された

❶保存したいデータを**タップ**して選択

❷[保存]（Androidでは[Keep]）を**タップ**

Keepにデータが保存された

●まめ知識　写真や動画を保存する方法には、ほかに［アルバム］機能があります。

LINE Keepに保存したデータを確認する

1 LINE Keepを確認する

ワザ009を参考に、[ホーム]画面を
表示しておく

❶自分の名前を**タップ**

自分のページが表示された

❷[Keep]を**タップ**

2 Keepに保存したデータが表示された

[Keep]画面が表示された

保存したデータが一覧で表示された

HINT LINE Keepって何?

LINE Keepは、ネット上に画像
や動画などのファイルを保存して
おけるクラウドサービスです。端
末に保存しておくわけではないの
で、機種の変更を行ってもファイ
ルがなくなることはありません。
ファイルサイズの合計が1GBまで
なら無期限に保存できますが、1
つあたり50MBを超えるファイル
はアップロード後30日で消去され
るので注意が必要です。現在使
用中の容量確認は、[ホーム]→
(右上の歯車アイコン)→[Keep]
から行えます。

着せかえでデザインを変えよう

「着せかえ」機能を使って、メニューやアイコン、トーク画面の背景などのデザインを好みのものに変えてみましょう。有料の着せかえとしてはディズニーやサンリオキャラクター、アニメなどがありますが、スタンプと同じように個人が作成したものも販売されています。

無料の着せかえをダウンロードする

1 [設定]画面を表示する

ワザ009を参考に、[ホーム]画面を表示しておく

ここを**タップ**

2 [着せかえ]画面を表示する

[設定]画面が表示された

❶画面を下に**スクロール**

❷[着せかえ]を**タップ**

●まめ知識　着せかえ機能を使わずに、トーク画面に好きな背景画面を設定することもできます。

3 [マイ着せかえ]画面を表示する

[着せかえ]画面が表示された

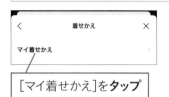

[マイ着せかえ]を**タップ**

4 着せかえの種類を選択する

ここでは [ブラウン] の着せかえを
ダウンロードする

[ダウンロード]
を**タップ**

[着せかえショップへ] をタップする
と、着せかえショップで着せかえを
ダウンロードできる

5 着せかえを適用する

ダウンロード完了
着せかえ「ブラウン」のダウンロードが完
了しました。いますぐ適用しますか?

キャンセル　　適用

[適用]を**タップ**

6 着せかえが適用された

ここを数回**タップ**

着せかえが適用され、画面全体の
デザインが変更された

トーク画面も確認しておく

LINE

Instagram

Facebook

Twitter

次のページに続く──➔

HINT 着せかえを設定するとトーク画面の背景も変わる

着せかえ機能を使うと、すべてのトーク画面のデザインが変更されます。トーク画面に個別に背景画像を設定していた場合には、表示されなくなってしまいます。トークごとに背景を設定したいときは、再度設定する必要があります。

HINT 着せかえを購入するには

ここでは無料の着せかえを使う方法を紹介しましたが、販売されている着せかえを購入して使うこともできます。着せかえの購入は、スタンプと同様に、あらかじめコインを購入して行います。[ウォレット]画面にある[着せかえショップ]から、好きなデザインを選んで購入してみましょう。

[ホーム]画面を表示しておく

[着せかえ]を**タップ**

[着せかえショップ]画面が表示された

ここをタップすると着せかえのジャンルを切り替えられる

[クリエイターズ]をタップすると公式以外の着せかえが購入できる

送り間違えたトークや
スタンプを取り消すには

間違ってうっかり送信してしまったメッセージやスタンプ、写真などは、送信を取り消すことができます。[送信取消]を行うと、自分と相手のトーク画面に表示されなくなります。送信後24時間以内であれば、既読、未読に関わらず、取り消すことができます。

メッセージの送信取消をする

1 送信を取り消したいメッセージを選択する

ワザ014を参考に、友だちとのトーク画面を表示しておく

❶送信を取り消したいメッセージをロングタップ

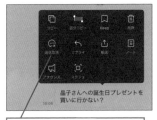

❷[送信取消]をタップ

2 メッセージの送信を取り消す

確認の画面が表示された

[送信取消]をタップ

メッセージの送信が取り消された

送信取消をしたメッセージは、取り消したあとに相手がトーク画面を開いた場合、トーク画面に表示されない

HINT 削除と送信取消の違い

手順1の画面でメッセージをタップすると、[送信取消]のほかに[削除]と表示されます。[削除]を選んだ場合、自分の画面には表示されなくなりますが、相手の画面にはそのまま表示され続けます。

トークや通話を楽しむ

メッセージや画像を
別の友だちに送ろう

トークルームで送られてきた画像や動画、メッセージを、別の友だちにそのまま転送することができます。複数まとめて転送することもできて便利です。なお、転送する前にはもともとメッセージや画像を送ってきた人に許可を取るようにしましょう。無用なトラブルを避けることができます。

LINE

LINEで会話を楽しもう

1 トークルームを作成する

ワザ014を参考に、友だちとの
トーク画面を表示しておく

❶転送したいメッセージまたは
画像を**ロングタップ**

❷[転送]を**タップ**

ここをタップすると複数のメッセージ
をまとめて転送できる

❸[転送]を**タップ**

2 友だちを選択して転送する

[送信先を選択]画面が表示された

❶友だちを**タップ**

❷[転送]を**タップ**

画像が転送される

　●まめ知識　ほかのメンバーの誰かにブロックされている友だちは、グループに招待できません。

いつものメンバーで グループを作ろう

同じ人たちで頻繁にトークするなら、グループを作っておくと便利です。グループに招待した相手が参加を承認すると、メンバーとして加わります。グループ名は[友だちリスト]画面に表示されるため、すぐに全員と連絡をとれます。家族や趣味の仲間など、いろいろな目的で活用しましょう。

グループを作成する

1 グループの作成をはじめる

ワザ009を参考に、[ホーム]画面を表示しておく

❶ここをタップ

[友だち追加]画面が表示された

❷[グループを作成]を**タップ**

2 グループに追加する友だちを選択する

[友だちを選択]画面が表示された

❶追加したい友だちを**タップ**してチェックマークを付ける

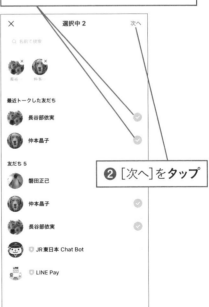

❷[次へ]を**タップ**

次のページに続く⟶

3 グループ名を入力する

[グループプロフィール設定]画面が表示された

❶グループの名前を**入力**

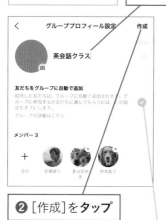

❷[作成]を**タップ**

[友だちをグループに自動で追加]のここをタップしてチェックマークを外すと、相手は以下の手順でグループに参加するかを選択できる

4 グループを作成できた

グループのトーク画面が表示された

●相手の画面

グループに招待されると通知が届く

❶[招待されているグループ]を**タップ**

❷次の画面でグループ名を**タップ**

参加を確認する画面が表示された

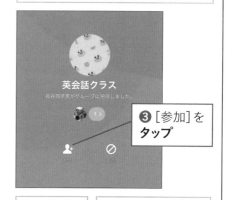

❸[参加]を**タップ**

グループに参加できた

確認画面で[閉じる]をタップしておく

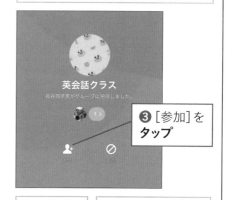

●まめ知識　メンバーをはずすには77ページのHINTを参考にメンバーを確認し、[編集]をタップします。

グループでトークする

1 グループの詳細を表示する

ワザ005を参考に、[ホーム]画面を表示しておく

❶ [グループ] をタップ

❷ グループ名をタップ

2 グループのトーク画面を表示する

グループのページが表示された

[トーク]をタップ

3 グループでトークをはじめる

グループのトーク画面が表示された

❶送信したいメッセージを入力

❷ここをタップ

4 グループでトークできた

メッセージが送信された

参加したグループのメンバー全員とトークできる

028

グループに友だちを追加しよう

グループには、あとから友だちを加えることもできます。また、グループを作った人だけでなく、そのグループに参加している人なら、誰でも友だちを招待できます。なお、新しく参加した人のトーク画面には、参加した時点以降のメッセージが表示されます。

友だちをグループに追加する

1 招待する友だちを選択する

ワザ027を参考に、グループの
トーク画面を表示しておく

❶ここをタップ

メンバーの詳細画面が表示された

❷[招待]をタップ

2 友だちをグループに招待する

❶招待したい友だち
を**タップ**してチェックマークを付ける

❷[招待]
を**タップ**

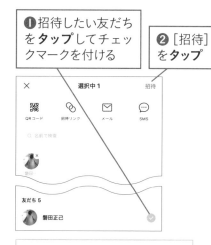

友だちがメンバーに招待された

●まめ知識 [トーク]画面でグループ名の隣に表示されている数字は、グループへの参加人数を表します。

LINE

LINEで会話を楽しもう

招待されたグループを確認する

1 グループの詳細画面を表示する

ワザ005を参考に、[ホーム]
画面を表示しておく

❶[グループ]を**タップ**

❷グループ名を**タップ**

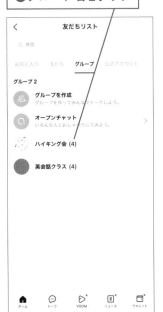

2 グループの詳細画面が表示された

グループの画面が表示された

[トーク]をタップすると、グループ
のトーク画面が表示される

HINT グループの参加メンバーを確認するには

手順2でグループ名の下にある
[(数字) >]をタップすると参加
メンバーの一覧が表示されます。

LINE

Instagram

Facebook

Twitter

029

グループを活用する

グループのアイコンを設定しよう

LINEユーザー個人と同様に、グループにもアイコンを設定できます。設定したアイコンは、[友だちリスト][トーク]画面に表示されるので、グループの特徴を表した写真を選択しておきましょう。アイコンの設定は、グループの参加者なら誰でも行うことができます。

グループのアイコンを設定する

1 グループのトーク画面でメニューを表示する

ワザ027を参考に、グループのトーク画面を表示しておく

ここを**タップ**

2 グループの[その他]画面を表示する

グループのトーク画面でメニューが表示された

[その他]を**タップ**

●まめ知識 [その他]画面からグループ名の変更を行うことができます。

3 グループアイコンの設定を はじめる

[その他]画面が表示された

グループのアイコンを**タップ**

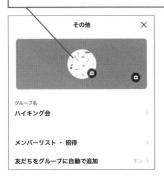

4 アイコンの選択をはじめる

メニューが表示された

[プロフィール画像を選択]
を**タップ**

5 写真の追加方法を選択する

[プロフィール画像] 画面が
表示された

ここでは撮影済みの写真を
選択する

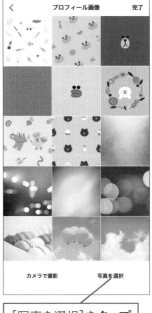

[写真を選択]を**タップ**

次のページに続く→

6 アイコンにする写真を選択する

[最近の項目]画面が表示された

使用したい写真を**タップ**

7 写真の使用範囲を決める

❶写真を**ドラッグ**して枠の位置を移動

❷[次へ]を**タップ**

8 グループのアイコンに設定する

写真を加工する画面が表示された

ここをタップすると、フィルターを選択できる

ここではフィルターを選択しない

[完了]を**タップ**

9 グループアイコンの設定が完了した

グループにアイコンが設定された

●まめ知識　グループから退会すると[○○が退会しました]というメッセージがトーク内に表示されます。

030

グループを活用する

必要のないグループから退会しよう

参加しているグループからは、自由に退会できます。退会時にメンバーの承認を得るなどの必要はありません。なお退会後はグループにアクセスできなくなり、過去の投稿やメンバー一覧も見られなくなります。再度参加するには、グループのメンバーから招待してもらう必要があります。

自分でグループを退会する

1 グループを退会する

ワザ029を参考に、グループのメニュー画面を表示しておく

[退会]を**タップ**

2 退会を確認する

退会するかどうかを確認する画面が表示された

[退会]（Androidでは［はい］）を**タップ**

グループを退会できた

LINE

Instagram

Facebook

Twitter

できる　81

公式アカウントを追加しよう

公式アカウントとは、企業やアーティストなどがプロモーションのために運営しているアカウントのことです。友だちに登録すると、無料スタンプやクーポンを受け取ることができます。基本的には一方的に情報が送られてきますが、ときどき質問などを受け付けていることもあります。

LINE

LINEで会話を楽しもう

公式アカウントを検索して友だちに追加する

1 [公式アカウント]画面を表示する

ワザ014を参考に、[友だちリスト]画面を表示しておく

[公式アカウント]タブを**タップ**

2 [LINE公式アカウント]画面を表示する

[公式アカウント]画面が表示された

[検索]からも公式アカウントを検索できる

[公式アカウントを検索]を**タップ**

●まめ知識　[公式アカウント]画面ではさまざまなジャンルのおすすめアカウントが紹介されています。

3 公式アカウントの検索を はじめる

[LINE公式アカウント] 画面が 表示された

検索フィールド が表示された

[アカウント名、ID、業種] を**タップ** して検索キーワードを入力

ここでは「JR東日本」と入力する

4 公式アカウントを選択する

検索結果が表示された

公式アカウント名を**タップ**

5 公式アカウントを追加する

公式アカウントのページが表示された

公式アカウントには緑色の アイコンが付いている

❶ [追加] を**タップ**

❷画面右上の [×] を**タップ**

6 公式アカウントが追加された

選択した公式アカウントが [友だち リスト] 画面の [公式アカウント] タ ブに追加された

次のページに続く→

公式アカウントを友だちに追加してスタンプを入手する

1 スタンプの詳細画面を表示する

ワザ017を参考に、[スタンプショップ]画面を表示しておく

❶[無料]を**タップ**

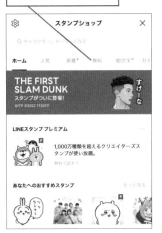

❷画面を下に**スクロール**

❸入手したいスタンプを**タップ**

2 スタンプ情報を確認する

スタンプの詳細画面が表示された

[友だち追加して無料ダウンロード]を**タップ**

3 スタンプをダウンロードできた

[ダウンロード完了]と表示された

[OK]を**タップ**

●まめ知識 追加した公式アカウントは[友だちリスト]画面の[公式アカウント]で表示できます。

不要な公式アカウントをブロックする

1 ブロックする公式アカウントを選択する

82ページを参考に、[友だちリスト]画面の[公式アカウント]タブを表示しておく

ブロックするアカウントを左に**スワイプ**(Androidではロングタップ)

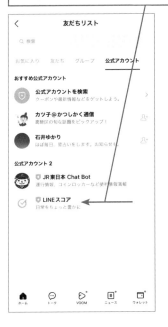

2 公式アカウントをブロックする

[非表示][ブロック]と表示された

❷ [ブロック]を**タップ**

❷ [ブロック]を**タップ**

公式アカウントがブロックされて、情報が届かなくなる

HINT

カテゴリーから公式アカウントを選んでみよう

公式アカウントはキーワードで検索して追加するほか、カテゴリーから選んで追加することもできます。[公式アカウント]画面で[カテゴリー]をタップすると、[グルメ][暮らし][有名人][スポーツ][公共]など、公式アカウントがカテゴリ別に表示されます。どんな公式アカウントがあるかわからないときは利用してみるとよいでしょう。

LINE

Instagram

Facebook

Twitter

できる　85

032

LINE VOOMで動画を楽しむには

「LINE VOOM」はショート動画を楽しむことができる機能です。LINEの画面の下部にある「VOOM」タブをタップすると、LINE VOOMが表示されます。気に入ったアカウントをフォローしたり、動画にリアクションやコメントを付けて楽しみましょう。

● [おすすめ]から楽しむ

[おすすめ]画面には、あなたの嗜好に沿った動画が自動的に表示されます。上にスワイプすると次の動画が表示されます。気に入った動画があれば、リアクションやコメントを付けたり、アカウントのフォローをしていきましょう。より好みに合った動画が表示されるようになります。

● フォローして楽しむ

LINEの友だちと異なり、LINE VOOMは相手からの承認をもらわなくても一方的にフォローすることが可能です。フォローしたアカウントの動画は[フォロー中]に表示されます。上部の虫眼鏡アイコンをタップすると、動画やアカウントを検索できます。好みのアカウントを見つけてフォローしていきましょう。

LINE　LINEで会話を楽しもう

　　まめ知識　以前「タイムライン」と呼ばれていた機能が「LINE VOOM」として生まれ変わりました。

033

LINE Payで
支払いをするには

LINE Payは、LINEアプリがあればだれでも無料で利用できるスマートフォンを使った決済サービスです。店舗での支払いに使えるほか、ほかのLINE Payユーザーに送金することができます。飲み会の清算や、親戚の子どもにお小遣いをあげるときなどに使えて便利です。

●LINE Payの使い方

LINEの画面の下部にある［ウォレット］タブをタップすると、LINE Payの機能を使うことができます。銀行口座やクレジットカードと連携したり、コンビニでチャージを行うと残高に反映され、支払いができるようになります。対応している店舗ではQRコード決済やタッチ決済を利用することができます。

●個人間支払い

［送金］機能を使うと、友だちに簡単に送金することができます。［ウォレット］画面で［送金］を選び、相手を指定して送るほか、LINEのトーク画面から直接送金することも可能です。また、支払いや送金、チャージなどを行うと、LINEで通知が届きます。もし不正利用があってもすぐにわかるので安心です。

友だちの自動追加を設定しよう

「友だち自動追加」をオンにすると、スマートフォンのアドレス帳に登録してある電話番号とLINEの登録に使った電話番号が一致した場合、自動的に友だちに追加されます。一気に知り合いを探せるので便利ですが、確認なしで友だちに追加されてしまうので注意が必要です。

LINE

LINEで会話を楽しもう

自分から友だちを自動追加する

1 [友だち]画面を表示する

ワザ005を参考に、[設定] 画面を表示しておく

ここではスマートフォンの連絡先を利用して友だちを自動で追加する

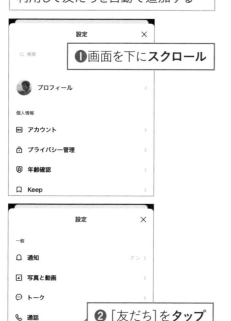

❶画面を下にスクロール

❷[友だち]をタップ

2 友だちの自動追加をオンにする

[友だち]画面が表示された

[友だち自動追加]のここをタップしてオンにする

●まめ知識　LINEスタンプメーカーアプリを使えば自作のスタンプを販売できます。

3 連絡先の利用を許可する

スマートフォンの連絡先の利用を
確認する画面が表示された

❶ [OK] (Androidでは [確認])を
タップ

4 スマートフォンの
プライバシー設定を変更する

❶iPhoneのホーム画面に戻って
[設定]を**タップ**して起動

❷ [プライバシーとセキュリティ] を
タップ

5 [連絡先]の
プライバシー設定を表示する

[プライバシーとセキュリティ]画面が
表示された

[連絡先]を**タップ**

6 連絡先の利用設定を確認する

[連絡先]画面が表示された

[LINE]のここがオンになっている
ことを**確認**

LINEが友だちを自動追加
するようになった

次のページに続く⟶

自分が友だちから自動追加されることを許可する

1 友だちからの自動追加を許可する

88ページの手順を参考に、[友だち]
画面を表示しておく

[友だちへの追加を許可] の
ここを**タップ**

2 電話番号からの追加を許可する

相手が自分を自動追加するのを
許可する確認画面が表示された

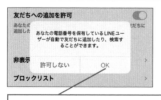

[OK]（Androidでは [確認]）を
タップ

3 友だちから自動追加されるのを許可した

[友だちへの追加を許可]が
オンになった

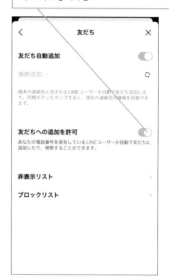

自分の連絡先を知っている友だちに
自動登録されるようになった

HINT 電話番号から友だちを手動で追加するには

アドレス帳を利用せずに、電話
番号で友だちを検索して友だち
に追加することもできます。ワザ
009の手順3で [電話番号]をタッ
プし、電話番号を入力して検索
します。

035

安全に使うための設定を行う

自分のIDを他人が
検索できなくするには

IDの検索を許可する設定にすると、他人が適当な文字で検索して、偶然あなたのIDと一致した場合でも、あなたのことを友だちとして登録できてしまいます。[IDによる友だち追加を許可]の設定を確認し、むやみに友だちに登録されないようにしておきましょう。

自分のIDを誰かに検索されないようにする

1 [プライバシー管理]画面を表示する

ワザ005を参考に、[設定]画面を表示しておく

[プライバシー管理]を**タップ**

2 IDで検索されない設定かを確認する

[プライバシー管理]画面が表示された

[IDによる友だち追加を許可]のここを**タップ**してオフに設定

ここをタップしてオンにするとIDでの検索を許可できる

LINE

Instagram

Facebook

Twitter

できる　**91**

安全に使うための設定を行う

知らない相手はブロックしよう

知らない人からメッセージが届くことがあります。他人からのID検索や、電話番号からの自動登録を許可していると、知らないうちにあなたを友だちとして登録している可能性があるからです。連絡をとりたくない人は、ブロックしておけば、それ以降メッセージは表示されなくなります。

特定のユーザーをブロックする

1 ユーザーをブロックする

ワザ009を参考に、[友だち追加]画面を表示しておく

❶ ブロックしたいユーザーを**タップ**

ユーザーのページが表示された

❷ [ブロック]を**タップ**

HINT ブロックしたことは相手に伝わらない

ブロックした相手からは、あなたは友だちとして見えていますが、相手が連絡をとろうとしても、メッセージや通話依頼はこちらに表示されなくなります。

2 ユーザーをブロックできた

ユーザーがブロックされ、[友だち追加]画面に表示されなくなった

●まめ知識 ブロックしたままブロックリストからも消すには93ページ右上の画面で[削除]をタップします。

ユーザーのブロックを解除する

1 ブロックしたユーザーを表示する

ワザ034を参考に、[設定]の
[友だち]画面を表示しておく

[ブロックリスト]を**タップ**

2 ブロックを解除する

❶ここを**タップ**してチェック
マークを付ける

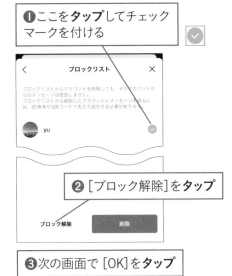

❷[ブロック解除]を**タップ**

❸次の画面で[OK]を**タップ**

友だちをブロックする

1 ブロックする友だちを確認する

ワザ014を参考に、[友だちリスト]
画面を表示しておく

ブロックしたい友だちを表示しておく

2 ブロックを実行する

❶ブロックしたい友だちを左に**スワ
イプ**（Androidではロングタップ）

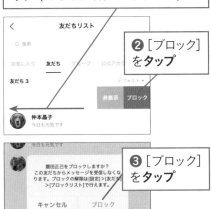

❷[ブロック]
を**タップ**

❸[ブロック]
を**タップ**

037

メッセージの通知で
内容を非表示にするには

スマートフォンを使用していないときにメッセージが届くと、ロック画面にメッセージ内容が表示されます。スマートフォンを置いたままでその場を離れている間にメッセージが届いた場合、誰かに見られてしまう可能性もあるので、新着通知だけを表示して、メッセージの内容を非表示にしておけば安心です。

●メッセージの内容を表示した場合　　●メッセージの内容を表示しない場合

iPhoneではメッセージが
表示される

［新着メッセージがあります。］
と表示される

Androidではメッセージが
表示され、その場で返信
できる端末もある

［新着メッセージがあります。］
と表示され、ポップアップから
返信できなくなる

　●まめ知識　通知画面でメッセージを見ただけでは［既読］になりません。

メッセージの表示をオフにする

1 [通知]画面を表示する

ワザ005を参考に、[設定]画面を
表示しておく

[通知]を**タップ**

2 メッセージ内容の表示を
オフにする

[通知]画面が表示された

[メッセージ内容を表示]のここを
タップ

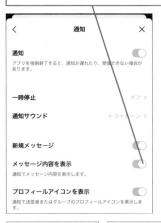

[メッセージ内
容を表示]がオ
フになった

新着通知にメッセ
ージの内容が表
示されなくなる

LINE

Instagram

Facebook

Twitter

038

安全に使うための設定を行う

特定の人やグループの
通知をオフにするには

特定の相手からの通知だけをオフに設定することができます。メッセージが頻繁に投稿される相手や公式アカウントなどは通知をオフにしておけば、重要な相手からの通知を見逃しません。グループや複数人でのトークに対して通知をオフにすることもできます。

LINE

LINEで会話を楽しもう

特定の通知を表示しないようにする

1 メニューを表示する

ワザ027を参考に、グループのトーク画面を表示しておく

ここを**タップ**

2 通知をオフにする

メニューが表示された

[通知オフ]を**タップ**

3 グループの通知をオフにできた

通知がオフになり、表示が
[通知オン]に変わった

グループの通知が届かなくなる

HINT オフに設定した通知を再開するには

再び通知をオンに設定したいときは、通知をオフにするときと同様にトーク画面でメニューを表示して、[通知オン]をタップします。

96　　まめ知識　すべての通知をオフにしたいときは95ページの手順2の画面で[通知]をオフにします。

不要なキャッシュを 削除するには

キャッシュとは、LINEアプリの表示や読み込みを高速化するために一時的に保存されているデータのことです。キャッシュが増えすぎると、アプリの動作が重くなったり、スマートフォンの容量を圧迫したりしてしまいます。ときどきキャッシュを削除するとよいでしょう。

1 [トーク]画面を表示する

ワザ005を参考に、[設定]画面を表示しておく	[トーク]を**タップ**

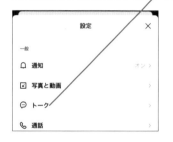

2 [データの削除]画面を表示する

[トーク]画面が表示された	❶画面を下に**スクロール**

❷[データの削除]を**タップ**

3 トークデータのキャッシュを削除する

[データの削除]画面が表示された

[キャッシュ]の[削除]を**タップ**

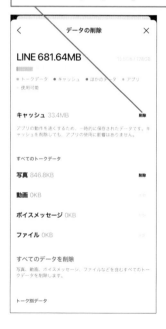

安全に使うための設定を行う

機種変更のときに情報を 引き継ぐには

スマートフォンの機種を変更するときは、あらかじめアカウントの引き継ぎ操作を行うことで、友だち一覧やトーク履歴をそのまま引き継ぐことができます。ただし、異なるOS間で引き継げるトーク履歴は14日間分のみです。それより前のトーク履歴を引き継ぎたいときは、あらかじめバックアップ（ワザ041）を行いましょう。

LINE

LINEで会話を楽しもう

機種変更する手順

機種変更する際には、機種変更前のスマートフォンで行っておくべき操作と、機種変更後のスマートフォンで行う操作があります。

●機種変更前のスマートフォンでやること
1. トーク内容のバックアップ（ワザ041を参照）
2. 引き継ぎ用のQRコードを表示

●機種変更後のスマートフォンでやること
1. QRを使ってログイン（24ページのHINTを参照）
2. トーク内容の復元（ワザ041を参照）

HINT **最新のアプリにアップデートしておこう**

LINEアプリのバージョンが12.10未満では、QRコードを利用したかんたん引き継ぎは利用できません。引き継ぎを行う前に、古い端末と新しい端末の両方を最新バージョンにアップデートしておきましょう。［設定］画面の［LINEについて］からアプリのバージョンを確認できます。

●まめ知識　買い替えたスマートフォンのOSが以前と異なる場合、スタンプの再ダウンロードはできません。

引き継ぎ用のQRコードを表示する

1 [かんたん引き継ぎQRコード] 画面を表示する

ワザ005を参考に、[設定] 画面を表示しておく

[かんたん引き継ぎQRコード] を **タップ**

2 かんたん引き継ぎQRコードが表示された

引き継ぎ用のQRコードが表示された

24ページのHINTを参考に、新しい端末でQRコードを読み取る

LINE

Instagram

Facebook

Twitter

HINT 2要素認証でセキュリティを高めよう

LINEはパソコンのWebブラウザから利用することも可能です。初期設定では、IDとパスワードさえあればログインすることができるので、万が一に備えて2要素認証の設定をしておきましょう。[設定] 画面で [アカウント] をタップし、[Webログインの2要素認証]をオンにします。WebブラウザでIDとパスワードを入力すると画面に認証番号が表示されるので、スマートフォンのLINEアプリで認証番号を入力するとログインが完了します。

次のページに続く──➡

●新しい端末での操作

24ページのHINTを参考に、[LINEにログイン]画面で[QRコードでログイン]をタップする

❶[QRコードをスキャン]を**タップ**

❷古い端末の「かんたん引き継ぎQRコード」を**読み取る**

画面の指示に従って引き継ぎ作業を進める

HINT 引き継ぎ操作ができなかったときは

スマートフォンの紛失や破損によって、急遽機種変を行うことになった場合など、引き継ぎ操作を行うことができないことがあります。新しい機種で初めてログインするときに[電話番号でログイン]を選ぶことで、アカウントの引き継ぎを行うことが可能です。

まめ知識　買い替えたスマートフォンのOSが以前と異なる場合、LINEコイン残高の引き継ぎはできません。

041

安全に使うための設定を行う

トークの履歴を
バックアップするには

異なるOS間でQRコードを使った引き継ぎを行った場合、トーク履歴は最近の14日分しか復元されませんが、PINコードを使ったバックアップを行っておけば、それ以前のトーク履歴の復元が可能です。ただし、トーク内の画像やスタンプの復元はできません。

トーク履歴をバックアップする

iPhoneの操作

Androidの手順は103ページから

1 [トークのバックアップ]画面を表示する

iPhoneの [設定]アプリで [iCloud]にApple IDを登録し、[iCloud Drive]をオンに設定しておく

ワザ005を参考に、LINEアプリの[設定]画面を表示しておく

[トークのバックアップ]を**タップ**

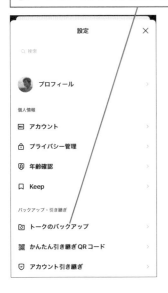

2 バックアップを開始する

初回はバックアップの説明画面が表示される

[今すぐバックアップ]を**タップ**

次のページに続く━━▶

バックアップから復元するときの
PINコードを作成する

❶6桁の数値を2回**入力**

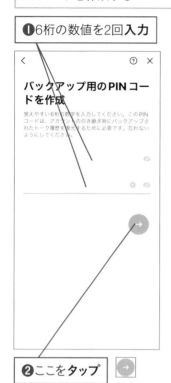

バックアップが開始される

❷ここを**タップ**

HINT **バックアップを行うときは**

バックアップの際には大量のデータのやりとりが発生する可能性があるため、
Wi-Fi接続した状態で行うことをおすすめします。

1 [設定]画面を表示する

ワザ005を参考に、LINEアプリの
[設定]画面を表示しておく

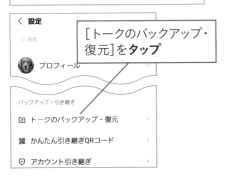

[トークのバックアップ・
復元]を**タップ**

2 PINコードを設定する

初回は説明画面が表示されるので、
[今すぐバックアップ]をタップする

バックアップから復元するときの
PINコードを作成する

❶6桁の数値を2回**入力**

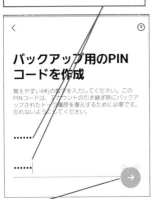

❷ここを
タップ

→　バックアップが
開始される

3 Googleアカウントを選択する

バックアップに使用するGoogle
アカウントを選択する

❶[アカウントを選択]を**タップ**

❷Googleアカウントのここを**タップ**

❸[OK]
を**タップ**

4 バックアップを開始する

[バックアップを開始]を**タップ**

新しいスマートフォンでトークを引き継ぐ

iPhoneの操作

1 トーク履歴の復元を開始する

新しいiPhone でiCloudの設 定をしておく	24ページのHINT を参考に、電話 番号でLINEにログ インする

[次へ]を**タップ**

2 PINコードを入力する

102ページの手順3で設定したPIN コードを入力する

PINコードを**入力**

次の画面で［次へ］をタップ したあと、ワザ003を参考 に初期設定を進める

Androidの操作

1 トーク履歴の復元を開始する

24ページのHINTを参考に、電話 番号でLINEにログインする

前ページの手順3を参考に Googleアカウントを選択する

[トーク履歴を復元]を**タップ**

2 PINコードを入力する

103ページの手順3で設定したPIN コードを入力する

PINコードを**入力**

次の画面で［次へ］をタップ したあと、ワザ003を参考 に初期設定を進める

アカウントを削除するには

望まない人に友だちに追加されてしまった場合、相手をブロックするほかに、自分のアカウントを削除する方法もあります。頻繁にアカウント削除を繰り返すのはおすすめできませんが、人間関係を清算したいときは、アカウントを削除して新たに作り直すのも1つの方法です。

アカウントを削除する

1 [アカウント]画面を表示する

ワザ005を参考に、[設定] 画面を表示しておく

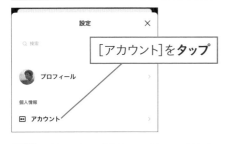

[アカウント]を**タップ**

2 [アカウント削除]画面を表示する

❶画面を下に**スクロール**

❷[アカウント削除]を**タップ**

3 確認画面が表示される

確認画面が表示された

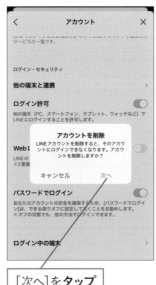

[次へ]を**タップ**

次のページに続く→

LINE
Instagram
Facebook
Twitter

4 すべてのアイテムが
削除されることを確認する

[アカウント削除]画面が表示された

コインやスタンプなど、すべてのアイテムが削除されることを確認する

ここを**タップ**してチェック
マークを付ける

---

5 アカウントを削除する

連携アプリで購入したアイテムと、
LINEアカウントのすべてのデータが
削除されることを確認する

❶画面を下へ**スクロール**

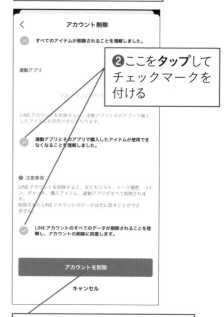

❷ここを**タップ**して
チェックマークを
付ける

❸[アカウントを削除]を**タップ**

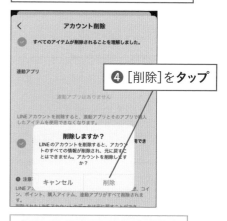

❹[削除]を**タップ**

自分のアカウントが削除される

HINT **ログインせずにアカウントを削除するには**

LINEにログインできなくなった場合、上記の手順を実行できません。その場合、同じ電話番号を使って新規登録を行うことで、以前のアカウントを削除することができます。なお、スマートフォン上でLINEアプリの削除を行っても、アカウントは削除されません。

LINE

LINEで会話を楽しもう

第 2 章

Instagramで
写真を共有しよう

043

インスタグラム
Instagramをはじめよう

Instagramは写真と動画の投稿に特化したSNSです。写真とコメントという手軽さから、芸能人やセレブのユーザーが使いはじめたことで人気に火がつきました。2019年6月時点で国内のアクティブユーザー数は3,300万人(以降は非公開)、全世界では20億人以上のユーザーが利用しています。

●世界中の人が使う写真共有サービス

Instagramには、ありとあらゆる写真が世界中から投稿されています。自然の風景、都会の建築物、人物やペット、また生活に密着した写真もたくさんあります。あなたも、お気に入りの写真を見つけるだけでなく、自分で撮影した写真を投稿してみましょう。

花や動物の写真、都会の風景など、さまざまな写真が投稿されている

まめ知識 Instagramは2010年10月にiPhone専用で登場。Androidには2012年4月に対応しました。

インスタグラム

Instagramで写真を共有しよう

044 Instagramをはじめる

Instagramの楽しみ方を知ろう

Instagramを使うと、スマートフォンのカメラで撮影した写真や動画をアップロードし、コメントなどでほかのユーザーと交流できます。投稿した写真をFacebookやTwitterといったほかのSNSでシェアすることも可能です。豊富に用意されたフィルターで手軽に加工できるのも魅力です。

●写真や動画を加工して投稿
Instagramでは、投稿した写真や動画をアプリ内でさまざまに加工できるようになっています。回転や拡大はもちろん、フィルターも豊富で、鮮やかにしたり、トイカメラ風にしたり、モノクロにしたりできます。

写真をフィルターで加工して投稿できる（ワザ050）

●ストーリーズで気軽に動画投稿
ストーリーズを使うとより手軽に写真や動画を投稿できます。24時間たつと投稿が消えてしまうのが特徴です。

ストーリーズに写真や動画を投稿できる

HINT 利用はすべて無料

高機能な画像加工アプリとしても優秀なInstagramですが、利用はすべて無料、アプリ内課金もありません。運営経費はほぼ企業からの広告で捻出されています。実際、Instagramを広告に利用している企業は増えてきており、宣伝媒体としての価値が高いと認められてきているようです。

Instagramをはじめる

Instagramの初期設定をしよう

Instagramを使うためにはアカウントを登録する必要があります。アプリをダウンロードして初回起動時に［新しいアカウントを作成］をタップすることで登録をはじめられます。登録には電話番号かメールアドレスが必要です。そのあと、ログインに必要なユーザーネームとパスワードを決めましょう。

インスタグラム

Instagramで写真を共有しよう

Instagramのアカウントを登録する

iPhoneの操作

Android の手順は 114 ページから

Android の手順は 114 ページから

1 Instagramアプリを起動する

4〜7ページを参考に、［Instagram］アプリをインストールしておく

［Instagram］を**タップ**

2 アカウント登録を開始する

Instagramが起動した

［新しいアカウントを作成］を**タップ**

3 メールアドレスを入力する

携帯電話番号の入力画面が表示された

ここではメールアドレスで登録する

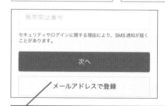

❶［メールアドレスで登録］を**タップ**

❷メールアドレスを**入力**

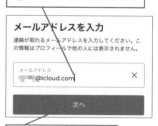

❸［次へ］を**タップ**

入力したメールアドレスに認証コードが送信される

●まめ知識　Instagramの前身は、「Burbn（バーブン）」という位置情報を利用したアプリです。

4 認証コードを入力する

メールアプリを起動して、
認証コードを確認する

❶認証コードを
入力

❷[次へ]を
タップ

<

認証コードを入力
アカウントを認証するには、▇▇@icloud.comに送信された6桁のコードを入力してください。

認証コード
743659   ×

次へ

5 名前を設定する

❶名前を入力

❷[次へ]を**タップ**

<

名前を入力してください
名前を追加すると、友達に見つけてもらいやすくなります。

氏名
時田沙月   ×

次へ

6 パスワードを作成する

❶パスワード
を入力

❷[次へ]を
タップ

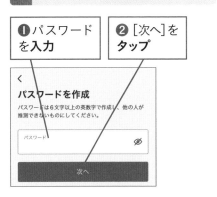

<

パスワードを作成
パスワードは6文字以上の英数字で作成し、他の人が推測できないものにしてください。

パスワード   ⌀

次へ

7 ログイン情報を保存する

ここまで設定したログイン情報を
保存する

[保存]を**タップ**

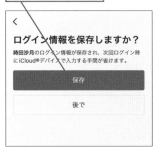

<

ログイン情報を保存しますか？
時田沙月のログイン情報が保存され、次回ログイン時にiCloud®デバイスで入力する手間が省けます。

保存

後で

8 生年月日を設定する

❶ここを上下に**スワイプ**して
生年月日を設定

<

生年月日を入力してください
ビジネスやペットなどに関するアカウントでも、ご自分の誕生日を入力してください。これはプロフィールで誰にも表示されません。生年月日を入力していただく理由

誕生日 (3▇歳)
1990年3月14日

次へ

❷[次へ]を**タップ**

1987年		11日
1988年	1月	12日
1989年	2月	13日
1990年	**3月**	**14日**
1991年	4月	15日
1992年	5月	16日
1993年		

LINE

Instagram

Facebook

Twitter

次のページに続く→

9 ユーザーネームを変更する

ユーザーネームを変更しないときは
[次へ]をタップする

ここではユーザーネームを変更する

❶ユーザーネームを**入力**

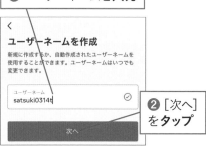

❷[次へ]
を**タップ**

10 利用規約とポリシーに同意する

❶利用規約とポリシーを**確認**

❷[同意する]を**タップ**

11 プロフィール画像の追加をスキップする

ここではプロフィール画像を
追加しない

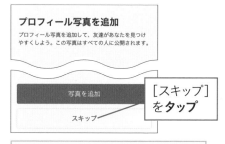

[スキップ]
を**タップ**

[Instagramへようこそ!]の画面が
表示され、手順12に進む

12 Facebookの友達検索をスキップする

ここではFacebookの友達を
検索しない

❶[スキップ]を**タップ**

❷次の画面で[スキップ]を**タップ**

HINT 名前とユーザーネームって何?

手順5の「名前」は、Instagram上での呼び名です。ほかの人と同じでもよく、日本語も使えます。手順9の「ユーザーネーム」はログインに必要なIDで、ほかの人と同じものは使えません。自分が覚えやすいものにしましょう。

●まめ知識　Instagramの創業者は元Googleのケビン・シストロムと同級生のマイク・クリーガーです。

13 連絡先の検索をスキップする

ここでは連絡先を検索しない

次に、友達を見つけられるように連絡先を同期できます

If you allow Instagram to access your contacts, we'll help you find people you know and help them find you, recommend things you care about and offer you a better service.

Instagramによる連絡先へのアクセスを許可した場合、連絡先は定期的に同期され、当社のサーバーに保存されます。同期は[設定]からいつでもオフにできます。詳しくはこちら

❶ [次へ]をタップ

次へ

"Instagram"が連絡先へのアクセスを求めています

Instagram will use your contacts to help you connect with the people and things you care about and offers a better service. Your contacts will be synced and securely stored on Instagram's servers.

❷ [許可しない]をタップ

許可しない　OK

14 ログイン情報を保存する

ログイン情報を保存すると次回ログイン時に入力が不要になる

ログイン情報を保存しますか?

satsuki0314tのログイン情報が保存されるため、iCloudやデバイスでログイン情報を入力する必要がなくなります。

[保存]をタップ

保存

後で

15 フォローする人の検索をスキップする

ここではフォローする人を見つけない

[次へ]をタップ

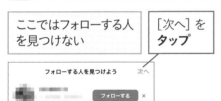

フォローする人を見つけよう　次へ

フォローする　×

16 通知を設定する

ここではスマートフォンで通知を受け取るようにする

お知らせをオンにする

他の人からフォローされたり、投稿にいいね!やコメントがあったときに、お知らせを受け取れます。

オンにする

スキップ

❶ [オンにする]をタップ

"Instagram"は通知を送信します。よろしいですか?

通知方法は、テキスト、サウンド、アイコンバッジが利用できる可能性があります。通知方法は"設定"で設定できます。

許可しない　許可

❷ [許可]をタップ

17 Instagramにログインできた

設定が完了し、Instagramのホーム画面が表示される

次のページに続く—→

LINE

Instagram

Facebook

Twitter

インスタグラム

Instagramで写真を共有しよう

1 Instagramアプリを起動する

4～7ページを参考に、[Instagram]
アプリをインストールしておく

ホーム画面またはアプリの一覧で
[Instagram]を**タップ**

2 アカウント登録の方法を選択する

Instagramが起動した

アカウント登録の方法は、電話番号
で登録、メールアドレスで登録の2種
類が利用できる

[新しいアカウントを作成]を**タップ**

3 電話番号かメールアドレスを選択する

ここではメールアドレスで登録する

[メールアドレスで登録]を**タップ**

4 メールアドレスを入力する

❶メールアドレスを**入力**

❷[次へ]を**タップ**

入力したメールアドレスに認証コード
が送信される

5 認証コードを入力する

メールアプリを起動して、
認証コードを確認する

❶認証コードを**入力**

❷[次へ]を**タップ**

認証コードを入力
アカウントを認証するには、
□□□□□@gmail.comに送信された6桁の
コードを入力してください。

認証コード
179420

●まめ知識　現在のアイコンは2016年からですが、それ以前もポラロイドカメラを模したものでした。

6 名前を設定する

❶名前を入力 　❷[次へ]を**タップ**

←

名前を入力してください

氏名
佐藤雄介 　　　　　　　　×

次へ

7 パスワードを作成する

❶パスワードを**入力** 　❷[次へ]を**タップ**

←

6文字以上の文字または数字を使用してパスワードを作成してください

名前、携帯電話番号またはメールアドレスをパスワードにすることはできません。

パスワード
●●●●●●●● 　　　　　　　　👁

次へ

8 ログイン情報を保存する

ここまで設定したログイン情報を保存する

←

ログイン情報を保存しますか?

佐藤雄介さんのログイン情報が保存され、次回ログイン時に入力する手間が省けます。

保存

後で

[保存]を**タップ**

9 生年月日を設定する

❶生年月日を**タップ**

←

生年月日を入力してください

ビジネスやペットなどに関するアカウントでも、ご自分の誕生日を入力してください。これはプロフィールで誰にも表示されません。生年月日を入力していただく理由

誕生日(33歳)
1990年2月14日

次へ

❷ここを上下に**スワイプ**

誕生日
202

日付を設定

1989 　　1 　　13
1990 　　2 　　14
1991 　　3 　　15

❸[設定]を**タップ**

キャンセル　設定

❹❶の画面で[次へ]を**タップ**

10 ユーザーネームを変更する

ここではユーザーネームを変更する

❶ユーザーネームを**入力**

←

ユーザーネームを作成

新規に作成するか、自動作成されたユーザーネームを使用することができます。ユーザーネームはいつでも変更できます。

ユーザーネーム
yusuke9214sa 　　　　　⊘

❷[次へ]を**タップ**

次へ

LINE

Instagram

Facebook

Twitter

次のページに続く──→

11 利用規約とポリシーに同意する

❶利用規約とポリシーを**確認**

←

**Instagramの利用規約とポリ
シーに同意する**

サービスの利用者があなたの連絡先情報を
Instagramにアップロードしている場合があり
ます。詳しくはこちら

[同意する]をタップすることで、アカウントの作
成と、Instagramの規約、プライバシーポリシ
ー、Cookieポリシーに同意するものとします。

プライバシーポリシーに、アカウントが
た際にMetaが取得する情報の利用方法が
れています。この情報は例えば、Meta製
供、パーソナライズ、改善などに利用
には広告も含まれます。

❷[同意する]
を**タップ**

同意する

12 プロフィール画像の設定を
スキップする

ここではプロフィール画像を
追加しない

プロフィール写真を追加

プロフィール写真を追加して、友達があなたを見
つけやすくしよう。この写真はすべての人に公開
されます。

写真を追加

[スキップ]
を**タップ**

スキップ

HINT　名前と
ユーザーネームって何?

手順6の「名前」は、Instagram上
での呼び名です。ほかの人と同じ
でもよく、日本語も使えます。手
順10の「ユーザーネーム」はログイ
ンに必要なIDで、ほかの人と同じ
ものは使えません。自分が覚えや
すいものにしましょう。

13 Facebookの友達の検索を
スキップする

ここではFacebookの友達を
検索しない

**Facebookの友達
をフォローしよう**

誰をフォローするかは自分で決められ
ます。また、あなたの許可なしにコン
テンツがFacebookに投稿されること
はありません。

友達を検索

❶[スキップ]
を**タップ**

スキップ

❷次の画面で[スキップ]を**タップ**

113ページの手順13 ~ 16を参考に
初期設定を進める

14 Instagramにログインできた

Instagramのホーム画面が
表示された

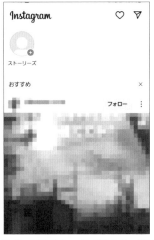

Instagram　　♡　▽

ストーリーズ

おすすめ　　　　　　　　×

フォロー　:

●まめ知識　ユーザー数がもっとも多い国はアメリカ、インド、ブラジル、インドネシア、ロシアの順です。

046

Instagramをはじめる

プロフィールを登録しよう

Instagramは写真がメインですが、最小限のプロフィールは入力しておきましょう。プロフィール画面では、ユーザー名や自己紹介を変更したり、ブログやウェブサイトのURLなどを追加したりできます。また、非公開ですがメールアドレスや電話番号を登録することもできます。

LINE

Instagram

Facebook

Twitter

プロフィールを編集する

1 プロフィールの画面を表示する

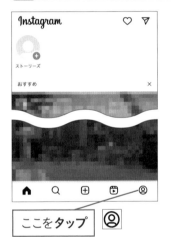

ここを**タップ**

2 [プロフィールを編集]画面を表示する

プロフィール画面が表示された

[プロフィールを編集]を**タップ**

3 自己紹介文の入力画面を表示する

[プロフィールを編集]画面では名前やユーザーネーム、自己紹介、リンクを設定できる

[自己紹介]のここを**タップ**

[個人の情報の設定]をタップすると、メールアドレス、電話番号、性別、誕生日を設定できる

次のページに続く⟶

4 自己紹介を入力する

❶自己紹介を入力

❷[完了]をタップ

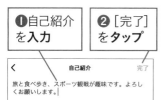

❸[完了](Androidではチェックマーク)を**タップ**

ほかに入力や変更したい項目があればタップして設定する

5 プロフィールを登録できた

入力したプロフィールが表示された

HINT パスワードを変更するには

パスワードを変更するには、プロフィールの右上の (☰) アイコンから [設定]画面を開き、[パスワード] をタップして新しいものを入力します。

❶ここを**タップ**

❷[設定]を**タップ**

❸[セキュリティ]を**タップ**

❸[パスワード]を**タップ**

●まめ知識　2012年4月、InstagramはFacebookに約10億ドルで買収されました。

047

Instagramの画面を確認しよう

Instagramアプリを起動すると最初に表示されるのがホーム画面です。ここには友達が投稿した写真が新しいものから順に表示されます。ほかにも[検索]画面、[カメラ]画面、[リール動画]画面、[プロフィール]画面があります。それぞれの役割を確認しておきましょう。

Instagramアプリの画面構成

iPhoneの画面

Androidの画面

❶ フォローしているユーザーの投稿を表示する

❷ Instagram上で人気の写真を見たり、ユーザーを検索したりする

❸ 写真や動画を投稿する

❹ リール動画の表示や投稿ができる

❺ 自分の投稿した写真が一覧で表示される

❻ 各種設定を表示する

次のページに続く→

LINE

Instagram

Facebook

Twitter

❶ホーム画面

フォローしているユーザーと
自分の投稿が表示される

❷[検索]画面

Instagram上で人気の写真を見ることができる（ワザ054）。ユーザーやハッシュタグを検索することもできる（ワザ061）

❸[カメラ]画面

写真や動画を投稿できる（ワザ049、065、067、069）

❹[リール動画]画面

最大90秒のショート動画の視聴や投稿ができる（ワザ066 ～ 067）

❺[プロフィール]画面

自分のプロフィールを入力することができる（ワザ046、048）。また自分の投稿が一覧で表示される

プロフィール画像を設定しよう

プロフィール画面の［プロフィールを編集］をタップすると自分のプロフィールを編集することができます。まずはプロフィール画像としてあらかじめ撮影しておいた自分の写真を選択しましょう。スマートフォンのカメラを使ってその場で顔写真を撮影したり、アバター機能で作成したアバターを使用することもできます。

自分の画像を設定する

1 プロフィール画像の設定をはじめる

ワザ046を参考に、プロフィール画面を表示しておく

❶［プロフィールを編集］を**タップ**

❷人型アイコンを**タップ**

2 撮影済みの写真から選択する

ここでは撮影済みの写真から選ぶ

❶［ライブラリから選択］（Androidでは［新しいプロフィール写真］）を**タップ**

❷［すべての写真へのアクセスを許可］（Androidでは［許可］）を**タップ**

HINT　プロフィール画像を選ぶには

プロフィール画像は顔写真が基本ですが、花や料理など、自分がよく投稿するジャンルの写真を使ってみるのもいいでしょう。ただし有名人の写真や漫画のキャラクターなど著作権に抵触するものはNGです。

LINE

Instagram

Facebook

Twitter

次のページに続く→

3 写真を選択する

撮影済みの写真が表示された

プロフィール画像にしたい写真を**タップ**

4 写真の使用範囲を決める

写真が選択された

❶**スライド**したり拡大・縮小したりして調整

❷[完了]（Androidではチェックマーク）を**タップ**

5 プロフィール画像が設定できた

プロフィール画像が表示された

HINT　その場でプロフィール画像を撮るには

手順2の画面で［写真を撮る］をタップすると、その場で自分またはなにかの写真を撮ってプロフィール画像に使うことができます。

アバターを作成する

1 アバターの作成を開始する

121ページを参考に、[プロフィールを編集]画面を表示しておく

❶ここを**タップ**

❷[アバターを作成]を**タップ**

2 アバターの肌色を設定する

アバターの肌色の選択画面が表示された

❶肌色を**タップ**

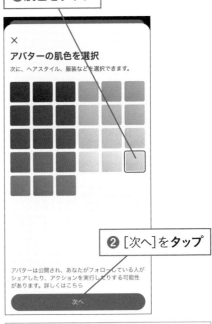

❷[次へ]を**タップ**

アバターが表示され、ヘアスタイルの選択画面が表示された

次のページに続く→

できる 123

3 ヘアスタイルを設定する

❶任意のヘアスタイルを**タップ**

ここをタップすると髪色を変更できる

❷[服装]を**タップ**

同様に、服装や体、目などアバターを設定する

❸画面右上の[完了]を**タップ**

4 アバターの設定を保存する

確認画面が表示された

[変更を保存]を**タップ**

5 アバターの設定を完了する

❶アバターが設定されるまで**待つ**

❷[次へ]を**タップ**

アバタースタンプの説明画面が表示された

❸ここを下へスワイプ

6 アバターが設定できた

[完了](Androidではチェックマーク)を**タップ**

●まめ知識 フォロワーに対し宣伝であることを隠して宣伝を行う行為は「ステマ」と呼ばれ歓迎されません。

049

写真を加工して投稿しよう

Instagramのカメラを起動して写真を撮影したら、フィルターや修正ツールで色味や傾きなどを加工し、必要に応じて写真の説明文、タグ、位置情報などを追加して投稿します。インカメラを使って自撮りをしたり、すでに撮影済みの写真を選んで投稿することも可能です。

LINE

Instagram

Facebook

Twitter

撮影して傾きを調整して投稿する

1 カメラを起動する

❶ここを**タップ**

❷カメラアイコンを**タップ**

カメラとマイクへのアクセス許可を求める画面が表示されたときは、[次へ] - [OK] - [OK]の順にタップする

Androidでは [アプリの使用時のみ]をタップする

2 写真を撮影する

画面右下のここをタップするとインカメラに切り替わる

ここをタップするとフラッシュの設定を変更できる

撮影ボタンを**タップ**して写真を撮影

サムネイルをタップすると撮影済みの写真を投稿できる（ワザ050）

次のページに続く→

3 写真の加工をはじめる

写真が撮影できた	傾いた写真になったので調整する

[編集]を**タップ**

4 傾きの調整画面を表示する

編集画面が表示された

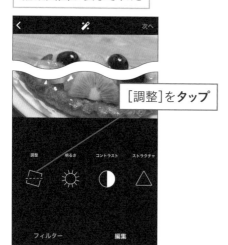

[調整]を**タップ**

5 傾きを調整する

傾きが自動で調整された

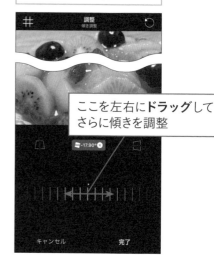

ここを左右に**ドラッグ**してさらに傾きを調整

6 調整結果を保存する

傾きを調整できた

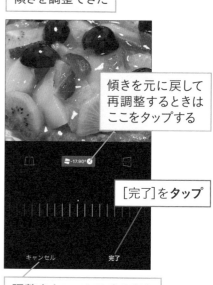

傾きを元に戻して再調整するときはここをタップする

[完了]を**タップ**

調整をキャンセルするなら[キャンセル]をタップする

7 写真の加工を終了する

[次へ] (Androidでは [→])を**タップ**

8 写真の説明文を入力する

❶写真の説明文を**入力**

❷[OK] (Androidではチェック
マーク)を**タップ**

Androidでは、チェックマーク
をタップするとすぐに手順10の
画面が表示される

9 写真を公開する

[新規投稿] 画面
が表示された

[シェア]を
タップ

ここをタップしてオンに
すると、Facebookにも
同時に投稿できる

10 加工した写真を投稿できた

ここ (Androidでは ⋮)
をタップすると、説明
文の編集や投稿の削
除ができ

次のページに続く→

できる 127

HINT インカメラとフラッシュを使うには

手順2の撮影画面では、自分を撮影するためのインカメラに切り替えられます。アイコンをタップするごとにイン／アウトのカメラが切り替わります。フラッシュの設定アイコンは、タップするごとに、「オフ」「オン」「オート」の順に切り替わります。

イン／アウトカメラの切り替え
このアイコンのときはフラッシュオフ
フラッシュオン
オートフラッシュ

HINT 奥行きを調整するには

手順5の画面では、左右の台形のアイコンをタップして奥行きを調整できます。

●上下の奥行きの調整　　　　　　　　　　　　　　　●左右の奥行きの調整

❶ここを**タップ** 　　　　　　❶ここを**タップ**

❷ここを**ドラッグ**して上下の奥行きを調整　　　　❷ここを**ドラッグ**して左右の奥行きを調整

●まめ知識　2019年3月現在、男女比は男性57％、女性43％となっています。

050

写真にフィルターをかけるには

好きなフィルターを選んでタップすると、撮影した写真の粒子を粗くしたりインスタントカメラ風にしたりなど、さまざまな効果を加えることができます。また、もう一度タップすることで効果のかかり具合をスライダーで調整することも可能です。2023年4月現在フィルターは24種類用意されています。

[Nashville]のフィルターをかける

1 カメラを起動する

ここを**タップ**

2 写真を選択する

撮影済みの写真が表示された

❶投稿したい写真を**タップ**

❷[次へ]（Androidでは[→]）を**タップ**

LINE

Instagram

Facebook

Twitter

次のページに続く→

Instagramで写真を共有しよう

3 フィルターを選択する

❶左へスワイプして一番右を表示

フィルター　　　　　編集

❷[Nashville]をタップ

[編集]をタップすると、写真の加工ができる

4 フィルターの効果を確定する

もう一度[Nashville]をタップすると、スライダーが表示され、効果の度合いを調整できる

[次へ]（Androidでは[→]）を**タップ**

写真のリミックスの説明画面が表示されたときは、[OK]をタップする

5 フィルターをかけた写真を投稿する

❶写真の説明を入力

キャプション　　　　　OK

ハイキングの途中でマイナスイオン浴びました！|

タグ付け

場所を追加

千葉県 成田市　成田山新勝寺　วัดนารีตะชัน ชินโซจิ

Facebook

Twitter

❷[OK]（Androidではチェックマーク）をタップ

Androidではこのあとすぐに写真が投稿される

[新規投稿]画面が表示された

❸[シェア]をタップ

< 　　　　新規投稿　　　　シェア

ハイキングの途中でマイナスイオン浴びました！

タグ付け　　　　　　　　　　　　　>

場所を追加　　　　　　　　　　　　>

千葉県 成田市　成田山新勝寺　วัดนารีตะชัน ชินโซจิ

Facebook

Twitter

Tumblr

Ameba

ミクシィ

詳細設定　　　　　　　　　　　　　>

フィルターをかけた写真を投稿できる

フィルターは全部で24種類あります。ここには、
効果のわかりやすい20種類を一覧にしました。
好みのものから試してみましょう。

Normal（フィルターなし）

Clarendon

Gingham

Moon

Lark

Reyes

Slumber

Crema

Aden

Amaro

Mayfair

Rise

Hudson

Valencia

X-Pro II

Sierra

Willow

Lo-Fi

Inkwell

Hefe

Nashville

LINE

Instagram

Facebook

Twitter

051

写真を補正して投稿するには

撮影した写真はフィルターを使用する以外にも、明るさやコントラストをスライダーで調整したり、写真の拡大や向きの変更など、細かい補正を行うことができます。また、影を強調したり、ティルトシフトという機能を使って一眼レフのように周囲がぼけた効果を付けたりすることも可能です。

インスタグラム

Instagramで写真を共有しよう

中心を際立たせる効果を付ける

1 周囲を暗くする

ワザ049を参考に、加工する写真を表示しておく

❶画面右下の[編集]を**タップ**

❷左に**スワイプ**

隠れていた修正ツールが表示された

❸[ビネット]を**タップ**

2 効果を保存する

スライダーが表示された

❶[100]まで**ドラッグ**

周囲が暗くなった

❷[完了]を**タップ**

●まめ知識　DMの画面から直接音声通話や動画通話をすることができます。

3 周囲をぼかす

[ティルトシフト]を**タップ**

4 効果を反映する

❶ [円形]を**タップ**

周囲がぼけた

❷ [完了]を**タップ**

ワザ049の手順7以降を参考に投稿する

HINT 編集画面で使える修正ツール

編集画面では13のツールが使えます。自分で効果を試してみましょう。

- ● [調整]……………… 傾きの調整、縦横変形、回転、拡大が行えます。
- ● [明るさ]…………… 明るさを調整できます。
- ◑ [コントラスト]…… コントラスト（明暗の対比）を調整できます。
- ▲ [ストラクチャ]…… 輝度に対してハイライトを与える機能。写真に深みを出すことができます。
- ● [暖かさ]…………… 色調を調整できます。
- ◇ [彩度]……………… 色の鮮やかさを調整できます。
- ● [色]………………… 黄色、オレンジ、ピンクなど選択した色調を写真にプラスすることができます。
- ◇ [フェード]………… フィルムカメラで撮影した写真のような古びた効果を与えることができます。
- ● [ハイライト]……… 明るい部分だけの明るさを調整できます。
- ◑ [シャドウ]………… 暗い部分の明るさを調整できます。
- ● [ビネット]………… 写真の四隅を中心部よりも暗くできます。
- ● [ティルトシフト]‥ 周囲、または上下をぼかします。
- ▽ [シャープ]………… 色が変わる部分を強調して、はっきりした写真にします。

052

投稿した写真を削除するには

投稿した写真の上に表示される [⋯] をタップして、メニューから [削除]を選ぶことでその写真を削除できます。ただし、複数の写真を選んで一度に削除することはできません。また、このメニューから写真の説明を変更したり、ほかのSNSにシェアしたりすることなども可能です。

写真を削除する

1 写真を表示する

ワザ046を参考に、プロフィール画面を表示しておく

削除したい写真をタップ

2 メニューを表示する

写真が表示された

ここ (Androidでは [⋮]) をタップ ⋯

3 削除する

メニューが表示された

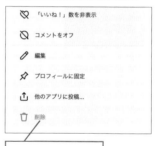

[削除]をタップ

4 写真を削除できた

確認のメッセージが表示された

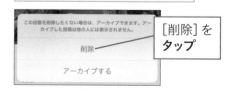

[削除]をタップ

プロフィール画面に戻る

写真に付いた [いいね!] (ワザ058) やコメント (ワザ059) も削除される

まめ知識　世界で一番フォロワーが多い個人は、サッカーポルトガル代表ロナウド選手の5億4,300万人です。

位置情報を追加して投稿しよう

Instagramでは写真や動画を投稿する際に、スマートフォンのGPS機能を利用し、地名やランドマーク名などの位置情報を付加することができます。投稿された写真の位置情報をタップすることで、同じ場所で撮影したほかのユーザーの写真を閲覧できるようになります。

写真に位置情報を付けて投稿する

1 位置情報をオンにする

ワザ049、050を参考に、[新規投稿]画面を表示しておく

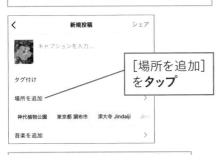

[場所を追加]を**タップ**

位置情報の使用許可を求める画面が表示されたときは、[Appの使用中は許可]をタップする

●位置情報の編集

ワザ052の手順3の画面で[編集]をタップする

ここをタップして位置情報を編集/削除できる

2 位置情報を選択する

周辺の施設が一覧表示された

ここに入力して場所を検索することもできる

目的の施設を**タップ**

3 位置情報を確認する

選択した場所の情報が表示された

[シェア](Androidではチェックマーク)を**タップ**

LINE

Instagram

Facebook

Twitter

054

写真を使って交流する

人気の写真を探そう

検索アイコンをタップすると、［いいね！］やコメントの数、あなたの過去の閲覧履歴などを参考にしたおすすめの写真や動画、ユーザーが表示されます。気に入った写真や動画があったら［いいね！］したり、その写真を投稿したユーザーをフォローしたりしてみましょう。

インスタグラム Instagramで写真を共有しよう

検索画面にある人気の写真を見る

1 検索画面から表示する

❶画面下のここを**タップ** 🔍

人気の写真が一覧表示された

ビデオのアイコンが付いているものは動画を表す

❷見たい写真を**タップ**

2 写真を大きく表示できた

ユーザー名をタップすると、相手のプロフィール画面が表示される

ここ（Androidでは［←］）をタップすると［検索］画面に戻る ‹

136 ●まめ知識　日本の企業アカウントで一番フォロワーが多いのは自動車メーカーの「日産」です。

055

知り合いの写真を探すには

知り合いにInstagramを使っているユーザーがいたらユーザー名を教えてもらいましょう。検索アイコンをタップし、検索ボックスに教えてもらったユーザー名を入力することでその人を探し出し、過去にその人が投稿した写真をすべて見ることができます。

ユーザー名を検索する

1 [検索]画面でユーザー名を
入力する

❶ここをタップ

❷[検索]をタップ

2 プロフィール画面を表示する

❶ユーザー名
を入力

候補が表示される

❷ユーザーをタップ

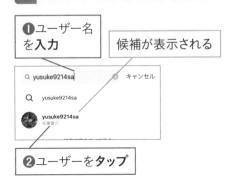

3 プロフィールと写真を
確認する

プロフィール画面が表示される

写真をタップすれば大きく
表示できる

HINT 写真が表示されない
ときは

プロフィール画面に写真が表示されない場合、非公開設定（ワザ072）にしているか、まったく投稿していないかの2つの可能性があります。

LINE

Instagram

Facebook

Twitter

056

複数の写真を見るには

Instagramには一度に複数の写真を投稿できます。複数の写真を含む投稿には画面右上に［1/5］（5枚中の1枚目）のような数字と、画面下部に丸いアイコンが表示されています。写真を左右にドラッグしていくことですべての写真を見ることができます。見逃さないようにしましょう。

インスタグラム

Instagramで写真を共有しよう

ほかのユーザーが投稿した複数の写真を見る

1 複数の写真の閲覧をはじめる

ワザ054を参考に、複数の写真を含む投稿を表示しておく

複数の写真を含む投稿は写真の下に写真と同じ数だけ丸いアイコンが表示される

画面を左に**ドラッグ**

2 写真を切り替える

画面の右側から2枚目の写真が表示される

画面の**ドラッグ**を続ける

3 写真が切り替わった

2枚目の写真が表示された

画面の下の丸いアイコンが
2番目に移動した

さらに写真を見
たいときは画面
を左に**ドラッグ**

4 最後まで写真を閲覧できた

最後の写真が表示されると丸い
アイコンが一番右になる

画面を右にスワイプすると
前の写真を表示できる

HINT 複数の写真を投稿したいときは

複数の写真を投稿したいときは、
投稿画面でライブラリを選び、画
面下に表示される一覧から1枚目
の写真をタップします。その後写
真の右下にある[複数を選択]アイ
コンをタップすることで2枚目以降
の写真を選択することができます。
なお一度に投稿できる写真の上限
は10枚です。

ワザ050を参考に、写真を投稿
する画面を表示しておく

[複数を選択]
(Androidでは
[複数選択])
を**タップ**

複数の写真を選択して投稿できる

LINE

Instagram

Facebook

Twitter

057

写真を使って交流する

お気に入りの人をフォローしよう

お気に入りの写真を投稿しているユーザーや、知り合いのプロフィールを確認したら、画面左上に表示されている [フォローする] をタップしましょう。タップすると [フォロー中] と表示されます。これ以降、フォローしたユーザーの写真や動画はホーム画面に表示されます。

インスタグラム

Instagramで写真を共有しよう

お気に入りの人をフォローする

1 フォローをはじめる

ワザ055を参考に、フォローしたいユーザーのプロフィール画面を表示しておく

❶ [フォローする] (Androidでは [フォロー])を**タップ**

[フォロー中]と表示された

❷ここを**タップ**

2 ホーム画面で確認する

フォローしたユーザーが投稿した写真が画面に表示された

HINT **公式アカウントを見分けるには**

著名人やブランドのアカウントには、プロフィール欄に「認証バッジ」と呼ばれる青色のアイコン が表示されています。

●まめ知識 「Spark AR」というアプリを使えば、ARエフェクトを自作することができます。

フォローを解除する

1 フォローの一覧を表示する

❶ここを**タップ**して自分の
プロフィール画面を表示

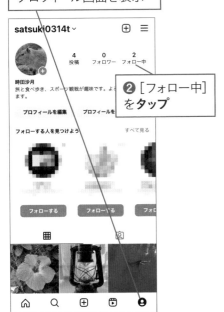

❷［フォロー中］
を**タップ**

2 フォローを解除する

フォロー中のユー
ザーの一覧が
表示される

［フォロー中］
を**タップ**

3 フォローを解除できた

［フォローする］と表示された

もう一度タップ
すると再度フォ
ローできる

自分のフォロワーを確認する

1 フォロワーの一覧を表示する

プロフィール画面を表示しておく

［フォロワー］を**タップ**

2 一覧で確認する

自分をフォローしているユーザーの
一覧が表示された

この画面でもフォ
ローやフォローの
解除が行える

058

写真に [いいね!]を付けよう

お気に入りの写真や動画を見つけたら、二度続けてタップするか、写真のすぐ下にある [いいね!]（ハートマークのアイコン）をタップすることで [いいね!] を付けることができます。[いいね!] は気軽な共感を表します。知らない人の写真でも、気に入ったら付けていきましょう。

写真に [いいね!]を付ける

1 [いいね!]を付ける

ワザ054、055を参考に、写真を表示しておく

[いいね!]（白いハートマーク）を**タップ**

2 [いいね!]が付いた

ハートマークが赤色になった

写真をダブルタップしても同様の操作になる

もう一度ハートマークをタップすると [いいね!]を取り消せる

059

写真にコメントを付けよう

写真や動画の下にある［コメント］（吹き出しのアイコン）をタップすると、自由にコメントを付けられます。感想を書いたりするだけではなく、メッセージのやりとりのように会話を続けることもできます。また、「@」のあとにユーザー名を入力することで、特定のユーザーに返事を書くこともできます。

写真にコメントを付ける

1 コメントの入力をはじめる

ワザ054、055を参考に、写真を表示しておく

ここを**タップ** Q

2 コメントを入力する

［コメント］画面が表示された｜❶コメントを入力

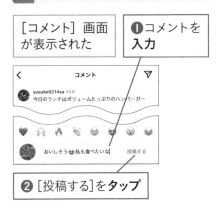

❷［投稿する］を**タップ**

3 コメントを確認する

コメントを付けられた

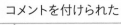

ここを**タップ** <

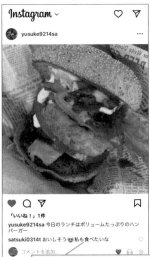

投稿したコメントが表示された

LINE · Instagram · Facebook · Twitter

自分の写真に付いた [いいね!]を確認しよう

アクティビティ(ハート)のアイコンをタップすると、自分の写真や動画に付いた [いいね!] やコメントが一覧表示されます。写真をタップすると拡大表示され、 [いいね!] やコメントを確認できます。また、ユーザー名をタップすると、その ユーザーのプロフィール画面が表示されます。

[お知らせ]画面で確認する

1 [お知らせ]画面を表示する

ここを**タップ** ♡

画面上に表示された通知をタップ してもいい

Androidでは吹き出しで [いいね!] やコメントの数が表示される

2 [いいね!]やコメントを確認する

[お知らせ]画面が表示された

自分に対して [いいね!] やコメント を付けたユーザー、コメントの内容 が表示される

写真をタップするとその写真を 表示できる

写真を使って交流する

写真にハッシュタグを付けよう

Instagramでは、写真や動画に「ハッシュタグ」と呼ばれる特定のジャンルや内容の写真を検索しやすくするための便利なキーワードを付けることができます。投稿する際、説明文の最後に「#○○○」と書き込むだけで利用できます。1枚の写真に複数のハッシュタグを付けることもできます。

ハッシュタグを付けて投稿する

1 複数のハッシュタグを付ける

ワザ049、050を参考に、写真の投稿画面を表示しておく

❶「#lunch」「#sweets」「#pancake」「#スイーツ」の4つのハッシュタグを説明文の中に入力

❷[OK](Androidではチェックマーク)をタップ

❸次の画面で[シェア]をタップ

Androidではすぐに投稿される

2 ハッシュタグを確認する

説明文のうち、ハッシュタグの部分は青で表示された

[#sweets]をタップ

HINT ハッシュタグを入力する際の注意点

ハッシュタグをうまく動作させるためには、一定のルールを守らねばなりません。まず、「#」は必ず半角で入力してください。また、ハッシュタグとハッシュタグの間、およびハッシュタグと説明文との間は半角スペースを空ける必要があります。

LINE

Instagram

Facebook

Twitter

次のページに続く→

3 同じハッシュタグの写真を見る

[#sweets] のハッシュタグが付いた画像が一覧表示される

HINT Twitterのハッシュタグとほぼ同じ

先頭に「#タグ名」を付けたキーワードをコメントに加えることで共通の話題を検索しやすくするハッシュタグの仕組みは、Instagramよりも先にTwitterで導入されており、多くの人に利用されています。使い方もTwitterとほぼ同様なので、Twitterに慣れた人なら、迷うことなく使えるでしょう。ワザ112も参考にしてください。

HINT ハッシュタグで検索する

ハッシュタグで検索するには、検索画面からハッシュタグを入力します。

ワザ055を参考に、検索画面を表示しておく

❶ 「#cat」と入力

❷ [#cat]をタップ

「#cat」のハッシュタグが付いた写真が表示される

HINT 大量のハッシュタグを付けた投稿も多い

日本だけではなく海外でもハッシュタグを使ったコミュニケーションは盛んです。InstagramはTwitterよりも説明文の文字数制限が長いので、特に海外では1枚の写真に10個以上（最大30個）のタグを付ける場合も多いようです。また、コメント欄を使ってさらにハッシュタグを追加することも可能です。ただし、まったく関連のないタグを付けるのは控えましょう。

[いいね!]した写真を表示しよう

プロフィール画面の右上にある≡をタップし、メニューから[インタラクション]画面を表示して、[「いいね!」]をタップすると、自分が過去に[いいね!]を付けた写真や動画が一覧表示されます。その中から好きな写真をタップすることでその写真を拡大表示できます。

[いいね!]した写真を表示する

1 [設定]画面を表示する

ワザ046を参考に、プロフィール画面を表示しておく

❶ここを**タップ**

❷[アクティビティ]を**タップ**

❸[インタラクション]を**タップ**

2 [いいね!]した写真の一覧を表示する

[「いいね!」]を**タップ**

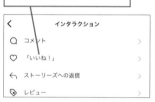

3 自分が[いいね!]した写真を表示できた

[「いいね!」]画面が表示された

写真をタップすると大きく表示できる

HINT　さかのぼれるのは300枚まで

[いいね!]した写真は、最大300枚まで保存され、それ以前の記録は消えてしまいます。

LINE

Instagram

Facebook

Twitter

063

動画を撮影して投稿しよう

Instagramでは静止画だけではなく動画を撮影することもできます。撮影可能な時間は3秒から最長で60秒間。赤い撮影ボタンを押し続けている間だけ記録されます。数秒ずつ別のカットを複数撮影し、1つの動画にまとめることも可能です。

動画を撮影して投稿する

1 カメラを起動する

ワザ049を参考に、[新規投稿]
画面を表示しておく

ここを**タップ**

2 動画撮影を開始する

カメラが起動した

撮影ボタンを**押し続ける**

サムネイルをタップすると、撮影
済みの動画を選択できる

3 動画が撮影できた

撮影ボタンを押している間だけ
撮影できる

❶撮影ボタンから**指を離す**

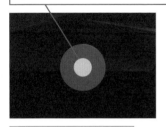

動画撮影が終了した

| ここでは、撮影した動画をそのまま投稿する | ここから動画の効果や音楽が設定できる |

[長さ調整] をタップ
すると、動画をトリミ
ングできる

❷ [次へ]
を**タップ**

4 動画を投稿する

[新規投稿]画面が表示された

キャプションや位置情報を
追加できる

[シェア]を**タップ**

動画が投稿される

ストーリーズを楽しむ

ストーリーズを見よう

ストーリーズは、写真や動画を24時間限定で共有できる機能です。投稿は24時間で完全に消えてしまうので、気軽に日常やイベントをシェアできます。素敵なストーリーを見つけたら「ハート」でリアクションしたり、メッセージを送信したりしてみましょう。

インスタグラム

Instagramで写真を共有しよう

1 ストーリーズの視聴を開始する

フォローする人がストーリーズを投稿すると、画面上部にアイコンが表示される

ストーリーズを視聴したいアカウントアイコンを**タップ**

2 ストーリーズが表示された

ストーリーズが表示された

視聴を終了するときは [×] をタップする

[メッセージを送信] をタップすると、メッセージやリアクションが投稿できる

● まめ知識　2018年6月、最長1時間の動画を共有できる「IGTV」が発表されました（現在は提供終了）。

ストーリーズを楽しむ

ストーリーズで時間限定の投稿をしよう

ストーリーズでは動画配信だけではなく写真を投稿することもできます。動画と同様24時間で削除されるので、タイムラインで公開するよりも日常的でプライベートな写真が公開されることが多いようです。撮影した写真は文字やイラストを使って簡単に加工することもできます。

LINE

Instagram

Facebook

Twitter

写真を24時間限定でシェアする

1 「ストーリーズ」のカメラを起動して写真を撮影する

ワザ063を参考に、カメラを起動しておく

[ストーリーズ]を**タップ**

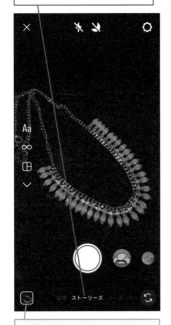

サムネイルをタップすると過去に撮った写真から選択できる

2 撮った写真を編集して投稿する

写真が撮影された ｜ ここでは写真に文字を入力する

❶ここを**タップ**　Aa

❷文字を入力

かわいいネックレス🤍

❸[完了]を**タップ**

❹文字を**ドラッグ**して移動

かわいいネックレス🤍

❺[ストーリーズ]を**タップ**

次のページに続く⟶

3 写真がシェアされた

写真がアップされ表示された

プロフィール画像をタップする
とさらに写真を投稿できる

HINT ストーリーズでも 複数の写真を公開できる

ストーリーズでも、写真は1枚だ
けではなく複数枚投稿できます。
投稿した写真は3秒ずつ次々に表
示されていきます。写真の枚数は
上部のバーでわかります。

複数の写真をアップするとこの
バーが写真の数だけ途切れる

写真はすべて約3秒ずつ
表示される

HINT ストーリーズへのコメントはダイレクトメッセージになる

自分のストーリーズに送られた絵
文字やコメントはダイレクトメッ
セージの形で見ることができます。
タップして返信することもできます。

ストーリーズにコメントが付くと
通知が表示される

❶ここを**タップ**

❷次の画面でリアクションの一覧
を表示したいアカウントを**タップ**

相手からのコメントや絵文字での
リアクションが表示される

066

リール動画を見よう

リール動画は、15秒から90秒のビデオを作成・共有できる機能です。リールタブをタップするとランダムで動画が再生され、動画を上にスワイプすることで次の動画がはじまります。次々にスワイプしていくことで、世界中の人気の動画をザッピングできるのです。

1 [リール]画面を表示する

ここを**タップ**

2 リール動画が表示された

リール動画が表示された

ここから[いいね!]やコメント、メッセージを送信できる

上にスワイプすると、次のリール動画が表示される

LINE

Instagram

Facebook

Twitter

067

リール動画を投稿しよう

リール動画は投稿やストーリーズと同様、スマートフォンのカメラで撮影できます。通常の投稿よりも豊富な音楽や多彩なエフェクト、編集ツールを駆使した個性的なコンテンツが手軽に作成できるため、ほかのユーザーに自分の創造性をアピールできます。

インスタグラム

Instagramで写真を共有しよう

1 リール動画の撮影画面を表示する

ワザ063を参考に、カメラを起動しておく

ここを左へ**スワイプ**

2 リール動画の撮影を開始する

リール動画の撮影画面が表示された

撮影ボタンを**タップ**

3 リール動画を撮影する

画面上部に撮影時間が表示される

❶停止ボタンを**タップ**

❷[次へ]を**タップ**

4 リール動画が撮影できた

ここではそのまま投稿する

ここから動画の音楽やエフェクトが
設定できる

[次へ]を**タップ**

5 リール動画を投稿する

リール動画のキャプションなどを
設定できる

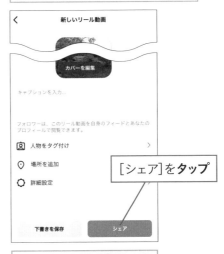

[シェア]を**タップ**

リール動画が投稿される

068

インスタライブを楽しむ

インスタライブを見よう

インスタライブは、Instagram上でリアルタイムのビデオストリーミングを行う機能です。友達や有名人、お気に入りのブランドが配信するライブを楽しむことができます。また、ハートを送ったりすることで配信者と直接コミュニケーションもとれます。

フォローしている人のライブ動画を見る

1 ライブ動画の視聴を開始する

ライブ動画を配信しているユーザーがいる場合、ストーリーズのアイコンに [LIVE]の文字が表示される

ライブ配信しているユーザーのアイコンを**タップ**

2 ライブ動画を見る

ライブ動画が表示された

ここを**タップ**

3 ハートを送信する

ハートを**タップ**

●まめ知識　Instagram（とFacebook）には10代の子どもとそのプライバシーを守る機能があります。

4 ハートが送信された

ハートが送信され、配信者に
通知された

視聴を**続ける**

途中で視聴をやめるときは
[×]をタップする

5 視聴を完了する

最後まで視聴すると、配信終了
画面が表示される

[×]を**タップ**

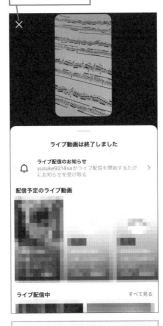

ホーム画面が表示される

HINT いま配信中のライブ動画を見たいときは

ライブ動画を見たいときは、トップページのストーリーズの並びに出るアイコ
ンの中から、フォローしている人の「ライブ動画」を見つけましょう。ライブ
配信がはじまると左から順番に並んでいきます。現状、検索でライブ配信を
探すことができないので、ライブ配信が気になる人は、とにかくフォローして
おきましょう。

069

インスタライブを楽しむ

インスタライブで
ライブ配信しよう

ライブ配信もほかの機能と基本は同じです。カメラを開き「ライブ」を選んで開始ボタンを押すだけで開始でき、リアルタイムで視聴している人から質問やコメントを受け取ることも可能です。ライブ終了後はその動画をストーリーズとして保存できます。

インスタグラム

Instagramで写真を共有しよう

ライブ動画を配信する

1 ライブ動画の配信を開始する

ワザ063を参考にカメラを起動し、画面下のメニューを左へスワイプする

❶[ライブ]を
タップ

❷ここを
タップ

カウントダウンに続いてライブ配信がはじまった

接続を確認中です

2 ライブ動画を配信する

配信がはじまると、フォロワーに通知される

❶動画を**撮影**

❷配信をやめるときは[×]を**タップ**

●まめ知識　2023年3月お気に入りの投稿の保存機能を改良した「コラボコレクション」が発表されました。

3 ライブ動画を終了する

[今すぐ終了]を**タップ**

ライブ動画を終了しますか？

今すぐ終了　　キャンセル

4 ストーリーズとして公開するかを選択する

ライブ動画は終了しました

動画を破棄

シェア

[シェア]をタップすると、投稿として保存される

[動画を破棄]をタップすると、破棄される

LINE

Instagram

Facebook

Twitter

HINT Instagramの二段階認証

Instagramでも二段階認証を設定することができます。[設定]画面から[セキュリティ]をタップし、[二段階認証]をタップします。セキュリティ強化方法を選択し、画面の指示に従って設定を進めます。Facebook のワザ101の手順4からも参考にしてください。

[設定]画面から [セキュリティ]をタップする

< 　　　二段階認証

セキュリティ強化方法の選択

ログインコードの受け取り方法を選択できます。

詳しくはこちら

WhatsApp
WhatsAppにコードが送信されるため、SMSを
有効にする必要があります。

認証アプリ (おすすめ)
アプリがインストールされているかどうかを確認
します。インストールされていない場合は、ダウ
ンロードするアプリをおすすめします。

SMS
選択された携帯電話番号にログインコードが送信
されます。

❶ [二段階認証]を**タップ**

❷ [SMS] のここを**タップ**

認証コードを取得する

070

プライバシーに注意する

Facebookと連携するには

Instagramと同じMeta社のサービスであるFacebookを使っている場合は、アカウントを連携することができます。連携することでInstagramに投稿した写真やストーリーズを自動的にFacebookに再投稿することが可能になります。

インスタグラム

Instagramで写真を共有しよう

1 [設定]画面を表示する

ワザ046を参考に、プロフィール
画面を表示しておく

❶ここをタップ

satsuki0314t ∨

6 投稿　1 フォロワー　2 フォロー中

時田沙月
旅と食べ歩き、スポーツ観戦が趣味です。よろしくお願いします。

❷[設定]をタップ

satsuki0314t ∨

6 投稿　1 フォロワー　2 フォロー中

時田沙月
旅と食べ歩き、スポーツ観戦が趣味です。よろしくお願いし

○ 設定
◔ アクティビティ
🕙 アーカイブ
🔳 QRコード
🔖 保存済み
🟰 注文と支払い
◎ デジタルコレクション
�️ 親しい友達
☆ お気に入り

2 [アカウント]画面を表示する

[設定]画面が表示された

[アカウント]を**タップ**

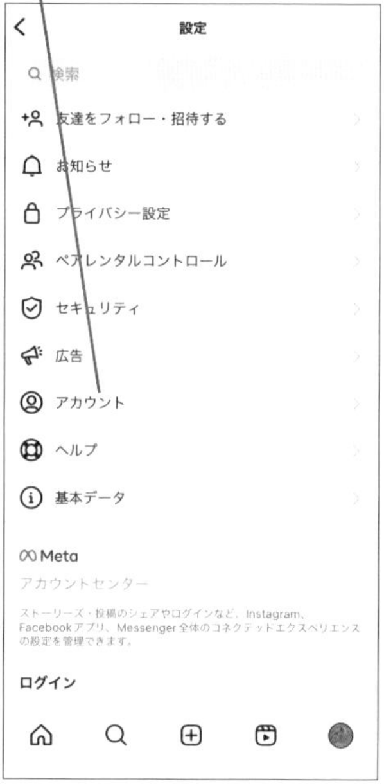

‹　　　設定

🔍 検索

+🧑 友達をフォロー・招待する ›

🔔 お知らせ ›

🔒 プライバシー設定 ›

🧑‍🧑 ペアレンタルコントロール ›

☑️ セキュリティ ›

📣 広告 ›

◎ アカウント ›

⊞ ヘルプ ›

ⓘ 基本データ ›

∞ Meta
アカウントセンター

ストーリーズ・投稿のシェアやログインなど、Instagram、
Facebookアプリ、Messenger全体のコネクテッドエクスペリエンス
の設定を管理できます。

ログイン

⌂　Q　⊞　🎬　🟤

● まめ知識　2023年1月、いまの気持ちや近況をテキストで残せる新機能「ノート」が発表されました。

3 [他のアプリへのシェア]画面を表示する

[アカウント]画面が表示された

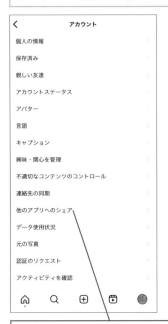

[他のアプリへのシェア]を**タップ**

4 連携するアプリを選択する

[他のアプリへのシェア]画面が表示された

[Facebook]を**タップ**

他のアプリのアカウントとの連携設定を進める

5 Facebookへのサインインを確認する

Facebookへのサインインについての確認画面が表示された

[続ける]を**タップ**

6 Facebookにログインする

Facebookのログイン画面が表示された

アカウントがあるときは、電話番号またはメールアドレスとパスワードを入力して[ログイン]をタップする

アカウントがないときは[新しいアカウントを作成]をタップする

071

プライバシーに注意する

特定の人からフォロー
されないようにするには

特定のユーザーに自分の写真を見られたくないときは、そのユーザーをブロックしてしまいましょう。ブロックされたユーザーはあなたの写真や動画を表示したりプロフィールを検索したりできなくなります。また、ブロックしたことは相手に通知されません。

インスタグラム

Instagramで写真を共有しよう

迷惑ユーザーをブロックする

1 フォロワーの一覧を表示する

ワザ046を参考に、プロフィール画面を表示しておく

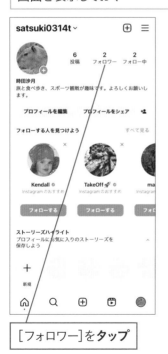

[フォロワー]を**タップ**

2 ブロックするユーザーのプロフィールを表示する

フォロワーの一覧が表示された

ブロックしたいユーザーを**タップ**

3 ブロックをはじめる

ブロックしたいユーザーのプロフィールが表示された

ここ（Androidでは⋮）を**タップ**

4 ブロックする

❶[ブロック]をタップ

制限する

ブロック

報告する

この人にストーリーズを表示しない

フォロワーを削除

プロフィールURLをコピー

このプロフィールをシェアする

QRコード

> ここでは、ブロックしたい人の
> 他のアカウントもブロックする

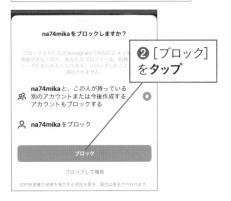

na74mika をブロックしますか？

ブロックされた人はInstagramであなたにメッ
送信できなくなり、あなたのプロフィール、投稿
リーズも見られなくなります。ブロックしたこと
通知されません。

na74mika と、この人が持っている
別のアカウントまたは今後作成する
アカウントもブロックする

na74mika をブロック

**❷[ブロック]
をタップ**

ブロック

ブロックして報告

知的財産権の侵害を報告する場合を除き、報告は匿名で行われます。

HINT ブロックするとどうなる？

ブロックすると、その人はあなた
の写真を表示したり、プロフィー
ルを検索できなくなります。ただ
し、ハッシュタグで検索された写
真が表示されてしまうことはあり
ますが、[いいね！]やコメントは
できません。

---

5 フォローが解除されたことを確認する

> [ブロックを解除]と表示された

< na74mika ···

3 2 21
投稿 フォロワー フォロー中

yu
フォロワー: yusuke9214sa

ブロックを解除 メッセージ

> 自分のフォローおよび相手から
> のフォローが解除された

HINT ブロックを解除するには

ブロックは、このワザの手順とほ
ぼ同じ操作で解除できます。

**❶ここ（Androidでは ⋮ ）
をタップ**

< na74mika ···

3 2 21
フォロワー フォロー中

制限する

報告する

ブロックを解除

この人にストーリーズを表示しない

プロフィールURLをコピー

このプロフィールをシェアする

QRコード

キャンセル

❷[ブロックを解除]をタップ

072

プライバシーに注意する

フォローを承認制にするには

不特定多数の人に写真や動画を見られたくない場合は、[プロフィールを編集] 画面で [投稿は非公開です] をオンにすることで、フォローを承認制にすることができます。この設定を行うと、ほかのユーザーがあなたの写真を見たい場合にはフォローリクエストを出すことが必要になります。

インスタグラム

Instagramで写真を共有しよう

フォローを承認制にする

1 非公開にする

ワザ070を参考に、[設定] 画面を表示しておく

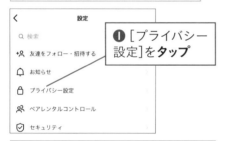

❶[プライバシー設定]を**タップ**

❷[非公開アカウント]のここを**タップ**

❸[非公開に切り替える]を**タップ**

2 非公開にできた

[非公開アカウント]がオンになった

HINT | ほかのSNSでのシェアに注意

フォローを承認制に変更すると、Instagram内では承認されたユーザーしかあなたの写真を見ることができなくなります。しかし、投稿時に連携機能を使って写真をFacebookやTwitterにシェアした場合は、承認したユーザー以外にも写真が見られてしまうので注意しましょう。

●まめ知識 Instagramには、いじめ行為の写真やコメントを検出する技術が導入されています。

非公開のユーザーにフォローリクエストを送る

1 フォローリクエストを送る

投稿を非公開にしているユーザーの
プロフィールには [このアカウントは
非公開です]と表示される

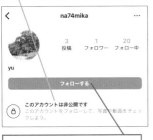

[フォローする]を**タップ**

2 承認を待つ

[リクエスト済み]と表示された

相手が承認するとフォローが
実行される

フォローリクエストを承認する

1 フォローリクエストを確認する

❶ [ホーム]画面右上の♡を**タップ**

[お知らせ]画面が表示された

❷ [フォローリクエスト]を**タップ**

2 フォローリクエストを承認する

フォローリクエストの一覧が
表示された

承認するには [確認]を**タップ**

却下するときは [削除]をタップする

フォローリクエストを承認できた

073

アカウントを削除するには

Instagramを退会したい場合はブラウザで削除専用のページにアクセスしてアカウント削除の手続きを行います。投稿した過去の写真や動画、コメントやフォロワーのリストなどすべて削除されるので注意しましょう。削除せずに一時的にアカウントの利用を停止することも可能です。

インスタグラム

Instagramで写真を共有しよう

専用ページにアクセスしてアカウントを削除する

1 削除専用のページにアクセスする

ここでは、Instagramを利用している端末からアカウントを削除する

❶ブラウザで下のURLにアクセス

Instagramアカウント削除ページ
https://www.instagram.com/accounts/remove/request/permanent

ブラウザが起動し、［アカウントを削除］画面が表示された

❷ここをタップして表示されるメニューから削除する理由を**選択**

❸画面を下に**スクロール**

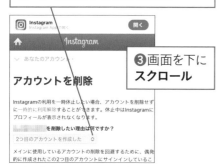

2 アカウントを削除する

❶パスワードを**再入力**

❷［○○（アカウント名）を削除］を**タップ**

表示された日時にアカウントが削除される

●まめ知識　アカウントの利用を一時的に停止すれば、いままで投稿した写真は削除されません。

第３章

Facebookで
近況を伝え合おう

Facebookをはじめよう
フェイスブック

Facebookは、毎月約30億人が利用する世界最大のソーシャルネットワーキングサービス（SNS）です。主に、家族や友達など知り合いとのつながりを深め、会話を楽しむプライベートな場所です。企業やブランドもページを開設していて、情報収集やファン活動を楽しむ人もたくさんいます。

●現実の友人が見つかる巨大コミュニティサイト

会ったことがない人とつながることもインターネットの魅力の1つですが、Facebookは現実によく知っている知り合いと、より深くつながるサービスです。以前住んでいた土地や地元の友達、同じ学校の同級生・同窓生など、最近は交流がなくなっていた知り合いを見つけて近況を知ることもできます。

Facebookで近況を伝え合おう

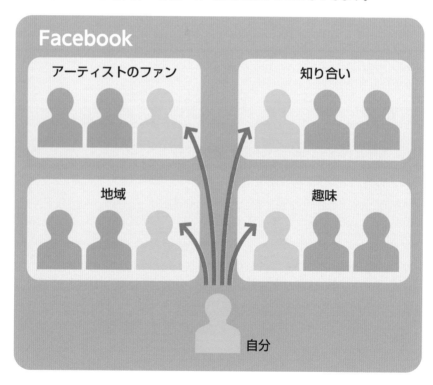

まめ知識　Facebookの創業者・CEOは、マーク・ザッカーバーグさん。起業時は学生でした。

Facebookの楽しみ方を知ろう

Facebookでは、自分の考えや行動、写真などを手軽に友達と共有できます。さらに個人でのプライベートなメッセージから、友達を含むより広いグループ活動まで幅広いつながりが可能です。ブランドやアーティストの公式ページに参加することもできます。

●個人でのコミュニケーション

投稿には［いいね！］やコメントを付けて交流できます。気に入った投稿はシェアして自分の友達に広めることもできます。また、友達同士でプライベートなメッセージも交換できます。

●グループでのコミュニケーション

同じ趣味や興味を持つ人たちが集まった「グループ」もつながりのひとつです。参加者は友達だけではなく、直接知らない人と会話したり、イベントを開催したりして楽しむこともできます。誰でもグループ内のメンバーと投稿を見ることができる公開グループと、メンバーのみに限られるプライベートグループがあります。

●ブランドやアーティストとのコミュニケーション

Facebookでもっとも広いつながりは、企業やブランド、アーティストの公式ページです。このようなこのような「ページ（Facebookページ）」には、公式情報や写真などが掲載され、ページに［いいね！］をすれば自分のホームで購読できます。ファンが自由に意見や画像を投稿して、コミュニケーションできるページもあります。

LINE

Instagram

Facebook

Twitter

Facebookをはじめる

アカウントを登録しよう

Facebookにはアプリから登録できます。メールアドレスやパスワードのほか、実在の人物として氏名、生年月日、性別といった個人情報を入力する必要があります。身分証明証に記載されている本名（実名）を登録するものとされています（旧姓やニックネームも追加で設定できます）。

フェイスブック

Facebookで近況を伝え合おう

Facebookに新規登録する

1 登録をはじめる

4～7ページを参考に、[Facebook]アプリをインストールして起動しておく

❶ [新しいアカウントを作成] を**タップ**

❷ [開始する]を**タップ**

2 姓名を入力する

❶「姓」を**入力** ❷「名」を**入力**

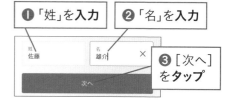

❸ [次へ]を**タップ**

3 誕生日を入力する

誕生日は年、月、日をそれぞれドラッグして選択する

❶誕生日を**選択** ❷ [次へ]を**タップ**

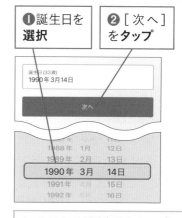

Androidでは誕生日をタップして別画面で選択後、[設定]をタップする

●まめ知識　2004年にハーバード大の学内SNSとしてスタート。当初は学生専用でした。

4 性別を入力する

性別の入力画面が表示された

❶性別を**タップ**

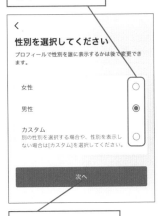

<

性別を選択してください
プロフィールで性別を誰に表示するかは後で変更できます。

女性 ○

男性 ◉

カスタム ○
別の性別を選択する場合や、性別を表示しない場合は[カスタム]を選択してください。

次へ

❷ [次へ]を**タップ**

5 メールアドレスで登録する

電話番号でも登録できるが、
ここではメールアドレスを使う

このメールアドレス宛てのメールを
受信できるようにしておく

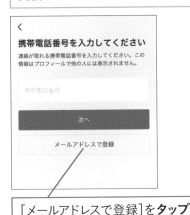

<

携帯電話番号を入力してください
連絡が取れる携帯電話番号を入力してください。この情報はプロフィールで他の人には表示されません。

携帯電話番号

次へ

メールアドレスで登録

[メールアドレスで登録]を**タップ**

6 メールアドレスを入力する

メールアドレスの入力画面が
表示された

<

メールアドレスを入力
連絡が取れるメールアドレスを入力してください。この情報はプロフィールで他の人には表示されません。

❶メールアドレスを**入力**

メールアドレス
＿＿＿＿@icloud.com ✕

次へ

❷ [次へ]を**タップ**

7 パスワードを入力する

パスワードには
英数字を使える

❶パスワードを**入力**

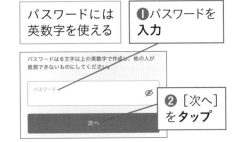

パスワードは6文字以上の英数字で作成し、他の人が推測できないものにしてください。

パスワード 👁

❷ [次へ]を**タップ**

次へ

8 ログイン情報を保存する

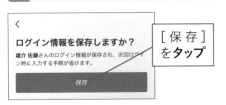

<

ログイン情報を保存しますか？
雄介 佐藤さんのログイン情報が保存され、次回ログイン時に入力する手間が省けます。

[保存]を**タップ**

保存

Instagramのアカウントを使用する
かたずねる画面が表示されたとき
は、 [いいえ、新規アカウントを作
成する]をタップする

次のページに続く→

9 利用規約とポリシーに同意する

Facebookの利用規約とポリシーの
画面が表示された

❶規約を**確認**

❷[同意する]を**タップ**

10 通知の送信を許可する

通知の送信についての確認画面が
表示された

[許可]を**タップ**

11 メールアドレスを認証する

メールアプリを起動してFacebook
からのメールを表示する

❶認証コードを**確認**

確認コードの入力画面が
表示された

❷認証コードを**入力**

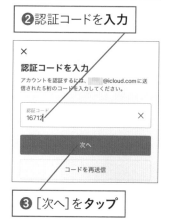

❸[次へ]を**タップ**

まめ知識　本人確認書類（免許証やパスポートなど）で名前を確認される場合もあります。

12 プロフィール写真の追加を スキップする

プロフィールはワザ077で登録する
のでここでは登録しない

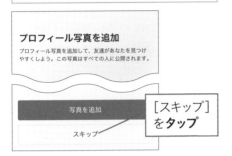

プロフィール写真を追加
プロフィール写真を追加して、友達があなたを見つけ
やすくしよう。この写真はすべての人に公開されます。

写真を追加

スキップ

[スキップ]
をタップ

13 連絡先についての画面が 表示された

連絡先のアップロードについての
説明画面が表示された

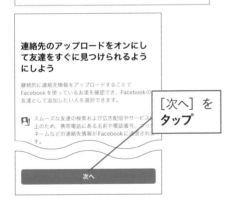

連絡先のアップロードをオンにし
て友達をすぐに見つけられるよう
にしよう

継続的に連絡先情報をアップロードすることで
Facebookを使っている友達を確認でき、Facebookの
友達として追加したい人を選択できます。

🔲 スムーズな友達の検索および広告配信やサービス
上のため、携帯電話にある名前や電話番号、ニック
ネームなどの連絡先情報がFacebookに送信され
す。

次へ

[次へ] を
タップ

14 連絡先へのアクセスを スキップする

ここでは連絡先
へのアクセスを
許可しない

❶ [許可しな
い]をタップ

"Facebook"が連絡先へのアクセ
スを求めています
アドレス帳へのアクセスを許可すること
で、友達が見つけやすくなり、その他の便
利な機能も利用できるようになります。

許可しない   OK

❷次の画面で [次へ]をタップ

Androidではお知らせの通知や
位置情報への設定を進める

15 アカウントを作成できた

Facebookのホーム画面が
表示された

facebook   + Q ◉

その気持ち、シェアしよう

音楽

ストーリーズ

ホーム   友達   Watch   プロフィール   お知らせ   メニュー

LINE

Instagram

Facebook

Twitter

HINT 携帯電話番号で登録するときは?

ここではメールアドレスを使用してFacebookに新規登録する方法を説明して
いますが、手順5の画面で、携帯電話の電話番号を使って新規登録すること
もできます。その場合は、認証コードがSMSで返送されます。ワザ078を参
考に認証コードを確認し、Facebookの画面で認証コードを入力して [確認]を
タップすると、認証が完了します。

077

プロフィールを登録しよう

Facebookは友人や知り合いとつながるSNSですから、プロフィールをきちんと設定して、自己紹介しておくといいでしょう。いまの居住地や出身地、学歴や職歴、配偶者の有無（交際ステータス）、プロフィール画像などを登録できます。公開範囲も変更できます（ワザ079）。

フェイスブック

Facebookで近況を伝え合おう

1 プロフィール設定画面を表示する

[Facebook]アプリを起動しておく

❶[メニュー]をタップ

メニュー画面が表示された

❷自分の名前をタップ

2 プロフィールの設定をはじめる

[プロフィールを更新] 画面が表示された

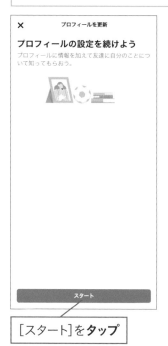

[スタート]をタップ

174 　まめ知識　自分自身のキャラクターを「アバター」で作成することもできます。

3 プロフィール画像を登録する

[プロフィール写真を追加] 画面
が表示された

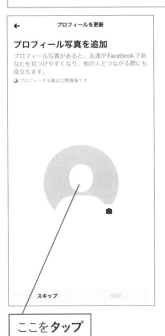

ここを**タップ**

4 写真へのアクセスを許可する

写真へのアクセスの許可を求める
画面が表示された

[すべての写真へのアクセスを許可]
を**タップ**

5 プロフィール画像を選択する

[カメラロール]画面が表示された

掲載したい写真を**タップ**

6 プロフィール画像を登録する

ここに選択した写真
が表示される

❶ [保存]
を**タップ**

プロフィール画像を登録できた

❷ [次へ]を**タップ**

LINE

Instagram

Facebook

Twitter

次のページに続く──→

7 居住地を入力する

❶[場所を選択]を**タップ**

❷居住地を**入力**

❸居住地を**選択**

8 居住地を登録する

居住地を選択できた

[保存]を**タップ**

居住地の追加が完了した

[出身地を追加]の画面が表示された

以降も同様の手順で、出身地、学歴、職歴、交際ステータスを登録する

電話番号を登録して
セキュリティを高めよう

Facebookに普段使っている携帯電話の電話番号を登録しておくと、アカウントを安全に保つために役立ちます。ワザ101（218ページ）で解説する二段階認証では携帯電話へのSMSでログインコードを受け取れますし、不正なログインなどがあったときにお知らせをSMSで受信することもできます。

LINE

Instagram

Facebook

Twitter

電話番号を登録する

1 アカウントの設定画面を表示する

ワザ077を参考に、メニュー画面を表示しておく

❶［メニュー］を**タップ**

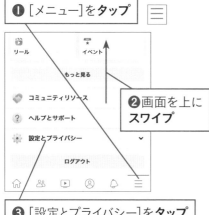

❷画面を上に**スワイプ**

❸［設定とプライバシー］を**タップ**

❹［設定］を**タップ**

HINT アカウントが乗っ取られたら？

電話番号を登録すると、パスワードが変更された際に携帯電話にメッセージが届くようになります。アカウントが乗っ取られてもすぐに対処できるようになるのです。

2 電話番号の入力をはじめる

アカウントの設定画面が表示された

［個人情報・アカウント情報］を**タップ**

次のページに続く→

3 電話番号を入力する

❶ [連絡先情報]を**タップ**

❷ [電話番号を追加]を**タップ**

電話番号の入力画面が表示された

❸電話番号を**入力**

❹ [次へ]を**タップ**

電話番号を追加すると、確認コード
を通知するメッセージが届く

4 認証コードを確認する

❶iPhoneのホーム画面に
戻って[メッセージ]を**タップ**
して起動

Androidではアプリ一覧で
[SMS]をタップして起動する

❷認証コードを**確認**

5 認証コードを入力する

❶再び [Facebook]アプリを**起動**

❷認証コード
を**入力**

❸ [実行] を
タップ

電話番号が追加された

❹ [閉じる]を
タップ

まめ知識　Facebookは、規約で13歳未満のアカウント登録を禁止しています。

Facebookをはじめる

あとから基本データや
公開範囲を編集するには

プロフィールの [基本データ] 編集画面で、すでに登録した情報の変更や追加、
ここまでのワザで説明していない職歴や学歴、ほかの名前（旧姓やニックネーム）など、さまざまなプロフィール情報を追加できます。それぞれの情報は公開
範囲を個別に設定できます。

基本データの編集画面を表示する

1 基本データを表示する

ワザ077を参考に、メニュー画面を
表示しておく

❶自分の名前を**タップ**

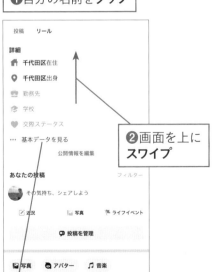

❷画面を上に
スワイプ

❸ [基本データを見る]を**タップ**

2 基本データの編集画面を
表示する

[基本データ]画面が表示された

編集したい項目のここを
タップして、編集する

Facebookの画面を確認しよう

Facebookにログインして最初の画面が「ホーム（ホームページ）」です。ホームには「フィード」が表示され、友達やページの最新情報を確認できます。投稿に［いいね！］したり、コメントで友達と交流したりできます。写真やユーザー名をタップすると詳細を見ることもできます。

フェイスブック

Facebookで近況を伝え合おう

Facebookアプリの画面構成（ホーム）

iPhoneの画面

Androidの画面

❶文字やリールなど種類を選択して投稿する

❷友達やグループ、Facebookページを検索する

❸メッセージをやりとりする

❹近況を投稿する

❺写真を投稿する

❻［ホーム］画面を表示する

❼友達リクエストを確認、承認する

❽動画を視聴する

❾プロフィールを確認する

❿お知らせを表示する

⓫メニュー画面を表示する

　まめ知識　運営する旧・Facebook社は、2021年10月に社名をMeta（メタ）に変更しました。

❷検索

友達やグループ、Facebookページ
を検索できる

❸Messenger

メッセージをやりとりできる（ワザ086）

❹投稿

近況を投稿できる（ワザ090）

❺投稿（写真）

写真を投稿できる（ワザ092）

❼友達リクエスト

友達リクエストを確認、承認できる
（ワザ084）

LINE

Instagram

Facebook

Twitter

次のページに続く—→

❽［Watch］画面

おすすめ動画やフォロー相手が
アップした動画を表示できる

❾プロフィール画面

自分のプロフィールを確認、
変更できる（ワザ079）

❿お知らせ

お知らせを表示できる
（ワザ095、098）

⓫メニュー画面

自分のタイムライン（プロフィール）
を表示できる

◆グループ
参加しているグループ
を表示するほか、グル
ープを新規作成できる
（ワザ095 〜 098）

◆設定とプライバシー
アカウントやアプリの設定
（ワザ099）などができる

HINT　タイムラインとは

自分のプロフィールに表示され
る投稿の一覧がタイムラインで
す。同じように友達のプロフィー
ルを開くと、友達のタイムライン
を見ることができます。

まめ知識　友達の誕生日には、お祝いメッセージをタイムラインに投稿する通知が届きます。

[ストーリーズ]画面で写真を投稿する

ストーリーズでは、日常のひとコマをショートムービー形式で簡単にシェアできます。投稿から24時間だけ表示されます。

1 ストーリーズの作成を開始する

[ホーム]画面を表示しておく

[ストーリーズを作成]を**タップ**

2 カメラを起動する

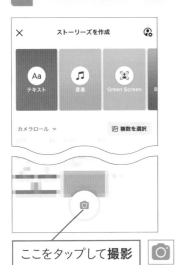

ここをタップして**撮影** 📷

カメラとマイクへのアクセスの許可を求める画面が表示されたときは、[OK]をタップする

3 写真を撮影する

撮影画面が表示された

ここをタップして撮影

4 ストーリーズに投稿する

ストーリーズの撮影が完了した

[シェア]を**タップ**

[Instagramでシェアしますか?]と表示されたときは[Facebookでのみシェア]をタップする

081

友達と交流する

友達リクエストを送ろう

Facebookで友達を作るには、友達になりたい人にリクエストを送ります。その人が友達になることを承認することで、はじめて友達関係が成立します。友達の名前がわかっている場合は、フルネームで検索することで、すぐに友達リクエストを送れます。

フェイスブック

Facebookで近況を伝え合おう

知り合いを探して友達リクエストを送る

1 検索画面を表示する

[ホーム] 画面を表示しておく

ここをタップ

2 名前で検索をはじめる

❶知り合いの名前をフルネームで入力

❷検索結果の候補が表示されるので名前をタップ

3 候補から知り合いを選択する

検索結果が表示された

同姓同名が複数名いる場合は[利用者]に一覧が表示される

知り合いをタップ

●まめ知識　登録できる友達の数には上限があり、最大5,000人までです。

4 友達に追加する

そのユーザーのタイムラインが表示された

❶ [友達になる] (Androidでは [友達を追加]) を**タップ**

❷次の画面で [友達になる] (Androidでは [承認]) を**タップ**

仲本晶子
👤 友達になる ❷×
🏢 勤務先: インプレスグループ

5 友達として承認されるまで待つ

友達リクエストを送信して、承認されるまでは [キャンセル]の表示に変わる

仲本晶子
👤 リクエストを取り消す

[リクエストを取り消す] (Androidでは [リクエスト済み] – [リクエストを取り消す]) をタップすると、友達リクエストを取り下げられる

●友達に承認されたあとの画面

見ていないリクエストが1件あると表示される ①

ここを**タップ**

友達　Q

リクエスト　友達

仲本晶子さんがあなたの友達リクエストを承認しました。

友達リクエストが承認されたとのお知らせが表示される

LINE

Instagram

Facebook

Twitter

HINT 友達は相互に承認する必要がある

一方的にフォローできるTwitterと異なり、Facebookで友達になるには、友達リクエストを送られたユーザーがそれを承認する必要があります。逆に誰かから友達リクエストが来た場合はワザ084を参考に承認しましょう。

082

友達と交流する

アドレス帳の電話番号で
友達を検索しよう

フェイスブック

スマートフォンのアドレス帳をFacebookにアップロードすると、アドレス帳に登録している人の中からFacebookを利用している人が一覧表示され、そのまま友達リクエストを送ることができます。1人ひとり検索するよりも効率的に友達を追加できる便利なテクニックです。

Facebookで近況を伝え合おう

知り合いを探して友達リクエストを送る

1 友達検索の画面を開く

❶ [メニュー]を**タップ**

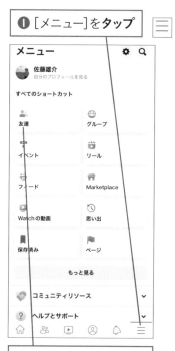

❷ [友達] (Androidでは
[友達を検索])を**タップ**

2 連絡先のインポートを開始する

[友達]画面が表示された

[インポート]を**タップ**

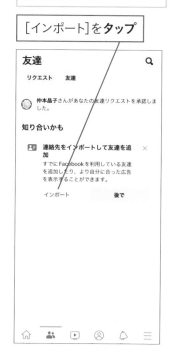

●まめ知識　設定によっては友達でなくてもフォローでき、著名人などの更新を知ることができます。

3 電話帳をアップロードする

連絡先のアップロード画面が
表示された

❶ [次へ] (Androidでは [開始
する])を**タップ**

❷ [OK] (Androidでは [許可])
を**タップ**

4 友達リクエストを送る

検索結果が表示された

[友達になる]を**タップ**

5 友達リクエストが送られた

友達リクエストが送られた

友達リクエストを取り下げるに
は [元に戻す] (Androidでは
[キャンセル])をタップする

友達と交流する

[知り合いかも]から
友達を追加しよう

Facebookには、あなたが友達になっているユーザーや、出身校、勤務先などの情報を使って、「あなたと知り合いかもしれない」ユーザーを予測し表示する機能があります。その中に知っている人が表示されたら、友達リクエストを送ってみましょう。

フェイスブック

Facebookで近況を伝え合おう

おすすめから友達を探す

1 友達検索の画面を開く

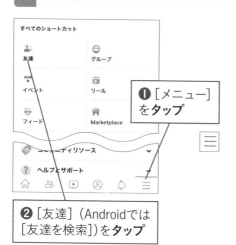

❶[メニュー]
を**タップ**

❷[友達](Androidでは
[友達を検索])を**タップ**

2 友達リクエストを送る

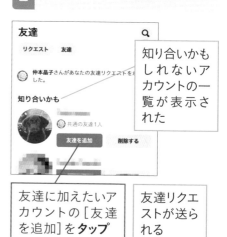

知り合いかも
しれないア
カウントの一
覧が表示さ
れた

友達に加えたいア
カウントの[友達
を追加]を**タップ**

友達リクエ
ストが送ら
れる

HINT おすすめユーザーの仕組みを知っておこう

[知り合いかも]には、かなり高い精度であなたと関わりのあるユーザーが表示されるので、「どうして自分がこの人と関係があるとわかるの?」と驚いた人もいるでしょう。Facebookはいくつかの条件で「知り合いかも」と判断しています。まずは、共通の友達がいる場合です。共通の友達が多ければ多いほど関係が深いと判断されます。学歴や職歴が共通の場合も表示されます。同じグループに参加していたり、同じ写真にタグ付けされたりしていても、おすすめされます。また、新規登録時の友達検索などで連絡先をアップロードしていれば確実に表示されます。

友達と交流する

友達リクエストを承認しよう

あなたと友達になりたいユーザーから友達リクエストが届いたら、プロフィールを確認し、友達になっていい人であればリクエストを承認しましょう。以後、そのユーザーとは友達関係になりFacebook上での交流が可能になります。もちろん友達リクエストを拒否することも可能です。

友達リクエストに応じる

1 リクエストの画面を開く

友達リクエストが届くと、[友達]に数字が表示される

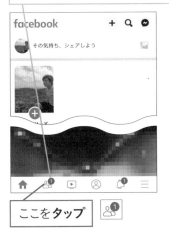

ここを**タップ**

2 リクエストを承認する

[友達]画面が表示された

[承認]を**タップ**

HINT なりすましに注意しよう

友達リクエストをもらうのはうれしいものですが、無条件に承認するのは考えものです。特に有名人などに多いのですが、他人がなりすましたアカウントを作って広告サイトなどに誘導する悪質なユーザーもいるので、承認前に、本人かどうかしっかり確認しましょう。

LINE

Instagram

Facebook

Twitter

次のページに続く⟶

3 リクエストを承認した

「リクエストが承認されました」と
表示された

相手のアイコンをタップすると
詳細が表示される

●相手の画面

[友達] に「○○さんがあなたの
友達リクエストを承認しました。」
と表示される

HINT 友達リクエストを拒否するには

知らないユーザーからの友達リクエストは、手順2の画面で [削除] をタッ
プして、拒否してもかまいません。拒否したことは、相手に通知されません。
また、ワザ099の手順2の上の画面（215ページ）にある [Facebookでのあ
なたの検索]から [あなたに友達リクエストを送信できる人]を、 [全員]で
はなく [友達の友達]のみに変更することもできます。

085

友達の近況をチェックしよう

ニュースフィードには、自分が友達になっているユーザーすべての近況が表示されますが、特定の友達の近況だけをチェックしたい場合は、［友達］画面で友達を一覧表示し、知りたい友達のタイムラインを表示しましょう。過去の投稿をさかのぼってチェックすることもできます。

友達の一覧から選ぶ

1 友達の一覧を表示する

ワザ082を参考に、［友達］画面を表示しておく

Androidでは［友達を検索］-［友達］をタップする

友達の一覧が表示された

近況を知りたい友達を**タップ**

2 友達の近況を確認する

友達のタイムラインが表示される

画面を上にスワイプすれば過去の投稿もさかのぼって確認できる

LINE

Instagram

Facebook

Twitter

086

友達と交流する

友達とチャットしよう

「Messenger」アプリを使えば、特定の友達とチャットのように個別にメッセージをやりとりすることができます。テキストだけではなく、写真や音声をやりとりしたり、無料音声通話を楽しむことも可能です。複数の友達を集めたグループチャットも便利です。

フェイスブック

Facebookで近況を伝え合おう

Messengerアプリを準備する

iPhoneの操作

Androidの手順は193ページから

1 Messengerアプリを起動する

[ホーム]画面を表示しておく

❶Messengerのアイコンを**タップ**

facebook　　+ Q ●

　その気持ち、シェアしよう

初回起動時は画面の指示に従ってチャット画面を表示する

❷ここを左へ**スワイプ**

2 [チャット]画面が表示された

[チャット]画面が表示された

Messengerアプリをインストールする画面が表示された場合は、4〜7ページのアプリのインストール手順を参考にしてインストールする

HINT Messengerはパソコンでも利用できる

Windows・Macにそれぞれ独立したMessengerアプリがあります。またブラウザでMessengerのサイトにアクセスすることもできます。

1 Messengerアプリを起動する

❶ [ホーム] 画面でMessenger
のアイコンを**タップ**

初回起動時はMessengerアプリ
の説明画面が表示される

❷ [MESSENGERを開く]を**タップ**

2 ログイン情報を保存する

ログイン情報の保存についての
画面が表示された

[保存]を**タップ**

3 ログインするアカウントを選択する

ログインするアカウントの確認画面
が表示された

[○○ (アカウント名) として
ログイン]を**タップ**

4 連絡先の同期をスキップする

連絡先の追加について詳細な説明
の画面が表示された

❶ [後で]を**タップ**

❷確認画面で
[OK]を**タップ**

[チャット] 画面
が表示される

LINE

Instagram

Facebook

Twitter

次のページに続く──→

友達とチャットする

1 Messengerでメッセージを送る相手を選択する

❶Messengerのアイコンを**タップ**

オンラインのマークが付いている友達はすぐに連絡できる

❷メッセージを送りたい友達を**タップ**

2 メッセージを入力する

友達とのやりとりの画面が表示された

メッセージの入力ボックスを**タップ**

3 メッセージを送信する

❶メッセージの内容を**入力**

❷ここを**タップ**

4 メッセージが送信された

自分のメッセージが表示された

友達から返事が返ってきた

●まめ知識　Messengerで使うスタンプはほとんどが無料でダウンロードできます。

087

（アイコン）

友達の投稿に[いいね!]しよう

友達の投稿やコメント、シェア（ワザ094）された写真などを見て気に入ったら
[いいね!]を押してみましょう。[いいね!]は、「気に入った」「好き」「賛成」
といったポジティブな気持ちを伝える、Facebookでのコミュニケーションの基
本です。気軽にどんどん押していきましょう。

友達の近況に[いいね!]を付ける

1 [いいね!]を付ける

ワザ085を参考に友達の近況を
表示するか、[ホーム]画面で最
新の投稿を表示しておく

[いいね!]を**タップ**

2 [いいね!]が付いた

[いいね!]を付けた人が
表示された

[いいね!]が青色になった

もう一度[いいね!]をタップすると
キャンセルできる

LINE

Instagram

Facebook

Twitter

088

友達と交流する

［いいね！］以外の
リアクションをしよう

ワザ087で友達の投稿に［いいね！］を付ける際に、［いいね！］ボタンをロングタップすることで［いいね！］以外のリアクションを選択することができます。より細かい感情を表現したり、悲しいニュースなど［いいね！］を付けるのがふさわしくない投稿に使用したりできます。

友達の近況に［いいね！］以外のリアクションを付ける

1 ［いいね！］以外の
リアクションを表示する

ワザ085を参考に友達の近況を表示するか、［ホーム］画面で最新の投稿を表示しておく

［いいね！］を**ロングタップ**

2 リアクションを付ける

［いいね！］以外のリアクションが表示された

ここでは［超いいね！］を付ける

［超いいね！］を**タップ**

［超いいね！］が付いた

HINT リアクションは6種類

［いいね！］以外に使えるリアクションは［超いいね！］［大切だね］［うけるね］［すごいね］［悲しいね］［ひどいね］の6種類です。

089

友達の投稿にコメントしよう

[コメントする]をタップすると、友達の投稿にコメントを付けることができます。自分が書いたコメントはあとで編集や削除も可能です。また、自分の投稿に付いたコメントに不適切なものがあった場合は自分が書いたコメントではなくても削除できます。

友達の近況にコメントを付ける

1 コメントの入力画面を表示する

ワザ085を参考に友達の近況を表示するか、[ホーム]画面で最新の投稿を表示しておく

[コメントする] を**タップ**

2 コメントを入力する

コメントの入力画面が表示された

❶コメントを**入力**

❷ここを**タップ**

コメントが投稿された

HINT コメントは誰が読めるの?

コメントは、その元記事の公開範囲の人が読めます。元記事の公開範囲が[友達]なら、元記事を投稿した人とその友達が読めます。自分の友達ではないことに注意してください。

LINE

Instagram

Facebook

Twitter

090

友達と交流する

自分の近況を投稿しよう

Facebookでは、自分の気持ちや考えていること、何をしているのかといった近況をシェアすることで、友達が [いいね！] したりコメントしてくれたりします。近況の投稿画面は、[ホーム] 画面の [その気持ち、シェアしよう] をタップします。シンプルな短い文章の近況では、内容に合う背景を選んで投稿できます。

フェイスブック

Facebookで近況を伝え合おう

近況を文字で投稿する

1 近況の入力画面を表示する

[ホーム]画面を表示しておく

[その気持ち、シェアしよう]を**タップ**

2 投稿の共有範囲を確認する

初回起動時は共有範囲の選択画面が表示される

ここでは設定を変更せずに進める

❶[友達]が選択されていることを**確認**

❷[完了]を**タップ**

3 近況を投稿する

[投稿を作成]画面が表示された

❶近況を**入力**

❷[投稿]を**タップ**

自分の投稿が反映された

●まめ知識　投稿には背景だけでなく、友達をタグ付けしたり場所にチェックインしたりできます。

投稿の背景色を編集する

1 投稿の編集をはじめる

[投稿を作成]画面を表示しておく

❶ここをタップ

[背景を選択]画面が表示された

❷ここを下へスクロール

2 背景を編集する

**❶使用したい背景を
タップ**

**❷[投稿]
をタップ**

背景を付けて投稿できた

091

友達と交流する

公開範囲を変えて投稿するには

自分の投稿が表示される範囲を公開範囲と呼びます。Facebookでは投稿ごとに公開範囲を変更することができます。みんなに読んでもらいたい投稿はすべてのFacebookユーザーに、プライベートな投稿はごく親しい人だけに公開するといった使い分けができるのです。

その投稿だけ公開範囲を変える

1 近況の入力画面で公開範囲を変更する

ワザ090を参考に、近況の入力画面を表示しておく

現在の公開範囲（ここでは[友達]）をタップ

2 公開範囲を変更する

今回は[公開]に設定する

[公開]をタップ

3 変更した公開範囲を確定する

[公開]が選択された

❶[完了]をタップ

公開範囲が[公開]になった

❷[投稿]をタップ

●まめ知識　さらに、写真・動画、気分・アクティビティなどさまざまな追加ができます。

写真を投稿しよう

スマートフォンで撮影した写真を選択し、説明を付けて投稿するだけで、簡単に写真付きの投稿を行うことができます。もちろん過去に撮影した写真を利用することも可能です。楽しかった出来事を、写真と文章で自由に表現してみましょう。

写真に説明の文章を付けて投稿する

1 写真の投稿をはじめる

[ホーム]画面を表示しておく

❶ [その気持ち、シェアしよう] を **タップ**

近況の入力画面が表示された

❷ [写真・動画] を **タップ**

カメラロールへのアクセスについての画面が表示されたときは [次へ] -[すべての写真へのアクセスを許可]をタップする

2 写真を選択する

写真の一覧が表示された

画面右上のカメラのアイコンをタップすると、写真を撮影して投稿できる

❶投稿したい写真を **タップ**

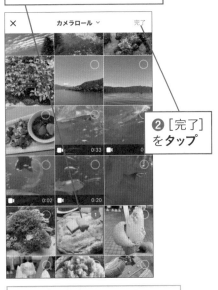

❷ [完了] を **タップ**

複数の写真をタップして選択することもできる

次のページに続く→

LINE

Instagram

Facebook

Twitter

3 写真に説明のコメントを付ける

[投稿を作成]画面が
表示された

[この写真についてテキストを入力]
を**タップ**

[編集]をタップすると写真
の加工や補正ができる

4 説明のコメントを入力する

❶説明を
入力

❷[投稿]を
タップ

5 Instagramにもシェアするかを選択する

ここではFacebookにのみ投稿する

[Facebookでのみシェア]を**タップ**

6 写真が投稿された

写真とコメントを投稿できた

●まめ知識　FacebookとInstagramは同じ会社が運営しており相互の投稿が容易です。

093

企業やブランドをフォローしよう

Facebookには個人ユーザーではなく、企業やブランドなどが運営する「ページ（Facebookページ）」があります。ページに［いいね！］をしてフォローした状態にすると、そのページの投稿が自分のニュースフィードに表示されるようになります。投稿には［いいね！］やコメントも可能です。

「できるもん」のページをフォローする

1 ページの検索をはじめる

［ホーム］画面を表示して
おく

ここをタップ 🔍

2 ページを検索する

❶「できるもん」と入力

❷［できるもん］をタップ

次のページに続く⟶

LINE

Instagram

Facebook

Twitter

3 Facebookページが表示される

検索候補の一覧が表示される

「できるもん」のFacebookページを**タップ**

4 フォローする

できるもんのFacebookページが表示された

❶詳細情報を確認　　**❷[フォロー]をタップ**

5 フォローができた

[フォロー中]と表示され、フォローができた

できるもんのページに投稿があると、自分のニュースフィードに表示されるようになる

HINT [いいね!]すると情報が得られる

[いいね!]すると、Twitterのフォローのように、そのページの投稿をチェックできます。

HINT 情報ごとにコメントが付けられる

ニュースフィードに表示された投稿には[いいね!]やコメントが付けられます。

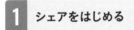

友達の投稿をシェアしよう

「シェア」はFacebookで見かけたほかの人の投稿を自分のタイムラインにコピーして紹介する機能です。自分の意見も付けられます。ワザ089で解説したコメントは、元の投稿に付属し、元の投稿の公開範囲によっては、知らないユーザーにも読まれてしまいます。しかしシェアなら自分で公開範囲を設定できます。

ほかの人の投稿に自分の意見を付けてシェアする

1 シェアをはじめる

❶紹介したい投稿の [シェア]を**タップ**

メニューが 表示された

❷[テキストを 入力]を**タップ**

2 自分の意見を付けて投稿する

入力画面が表示された

ここをタップすると公開範囲を 変更できる

❶自分の意見 を**入力**

❷[今すぐシェア] を**タップ**

自分のタイムラインに投稿された

LINE

Instagram

Facebook

Twitter

095

グループで連絡をとり合う

グループに参加しよう

Facebookには特定のテーマで交流できる「グループ」という機能があります。興味のあるテーマを扱うグループがあったら、参加リクエストを出してみましょう。ただし、参加者を実際の知り合いのみに制限しているグループもあるので、すべてのグループに参加できるわけではありません。

フェイスブック

Facebookで近況を伝え合おう

グループに参加する

1 グループの検索をはじめる

[ホーム]画面を表示しておく

❶ここをタップ

❷キーワードを入力

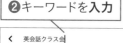

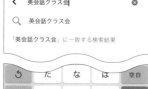

❸[検索]をタップ

2 目的のグループを探す

検索結果が一覧表示された

❶[グループ]タブをタップ

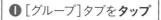

❷目的のグループをタップ

3 グループへ参加リクエストを送る

グループの説明画面が表示された

[プライベートグループ]と表示されている

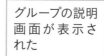

[グループに参加]をタップ

●まめ知識　承認が不要なグループもありますが、あわせて最大6,000まで参加できます。

4 参加が承認された

ここに数字が表示される

ここを**タップ**

5 参加承認を確認する

お知らせのリストが
表示された

グループへの参加が承認された
お知らせを**タップ**

6 グループに参加できた

グループの投稿内容
を読めるようになった | グループに
参加できた

[テキストを入力] をタップすれば、
ワザ090、092と同様の手順で情報
を投稿できる

メンバーの投稿にも [いいね!] や
コメントが付けられる

HINT グループには「公開」と「プライベート」がある

グループは参加していないユー
ザーも閲覧ができる「公開」、参
加しないと閲覧や書き込みがで
きない「プライベート」の2種類が
あります。

096

グループで連絡をとり合う

グループを作成しよう

好みの話題を扱うグループがない場合は自分で作成してみましょう。作成したグループにはメンバーを自由に招待できます。グループの内容に興味を持ちそうな友達がいたら招待してメンバーになってもらいましょう。また、積極的に投稿し、グループを盛り上げるのも大事です。

フェイスブック

Facebookで近況を伝え合おう

グループを新規作成する

1 グループの作成をはじめる

❶ [メニュー]をタップ

❷ [グループ]をタップ

❸ [+]（Androidは画面右下の■）をタップ

❹ [グループを作成]をタップ

2 グループ名を入力する

[グループを作成]画面が表示された

❶ グループ名を入力

❷ [プライバシー設定を選択]をタップ

HINT グループを承認制にする

プライベート（非公開）グループでは、メンバー承認をオンにできます。グループに参加したいユーザーはまず参加リクエストを送り、管理者が承認すると参加できます。

3 公開範囲を選択する

ここでは [プライベート] を選択する

❶ [プライベート]
を**タップ**

❷ [完了] を
タップ

プライバシー設定を選択 　　　　完了

🌐 公開
誰でもグループのメンバーと投稿を閲覧できます。

🔒 プライベート
メンバーとグループ内の投稿を見ることができるのは
メンバーのみです。

グループメンバーのプライバシーを保護するため、
プライベートグループは「公開」に変更できません。
詳しくはこちら

4 グループを作成する

[グループの検索可否] は変更せず
そのまま進める

× 　　　グループを作成

名前

神保町カレー同好会

プライバシー設定

🔒 プライバシー設定
　　プライベート

グループの検索可否

👁 グループの検索可否
　　検索可能

グループを作成

[グループを作成] を**タップ**

5 メンバーを追加する

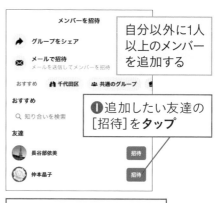

メンバーを招待

➤ グループをシェア

✉ メールで招待
メールを送信してメンバーを招待

おすすめ 　🏢 千代田区 　👥 共通のグループ

おすすめ

🔍 知り合いを検索

友達

長谷部依美 　　　　招待

仲本晶子 　　　　　招待

自分以外に1人
以上のメンバー
を追加する

❶追加したい友達の
[招待] を**タップ**

❷画面下の [次へ] を**タップ**

6 カバー写真の追加をスキップする

‹ 　　　　　　　　　　　後で続行

カバー写真を追加
写真を追加すると、グループの内容が伝わ
りやすくなります。

カバー写真

次へ

[次へ] を**タップ**

7 グループの説明を作成する

‹ 　　　　　　　　　　　後で続行

説明を追加
グループの詳細が分かるように、説明を入
力してください。

グループの説明を入力
神保町界隈のカレー店巡りが大好きなグループ
です。

❶グループの
説明を**入力**

❷画面下の [次
へ] を**タップ**

次のページに続く→

LINE

Instagram

Facebook

Twitter

8 グループの目的を選択する

❶目的を**タップ**してチェックマーク
を付ける

❷画面下の[次へ]を**タップ**

9 投稿の作成をスキップする

ここでは投稿せずに進める

[完了]を**タップ**

グループが作成できた

グループにメンバーを招待する

1 メンバーの招待をはじめる

208ページの手順1を参考に、
グループを表示しておく

[招待]を**タップ**

2 メンバーを招待する

[メンバーを招待]画面が表示された

追加したい友達の[招待]を**タップ**

招待した友達が[参加]をタップ
するとグループに追加される

●まめ知識　グループが大きくなると複数の管理者やモデレーターを置くことができます。

097

グループで連絡をとり合う

参加中のグループを見るには

グループには、多くの人が参加するオープンなものから、家族間のコミュニケーション用、職場のサークル用などさまざまなものがあり、使いこなすと便利です。[グループ]画面で、自分が参加しているグループを確認したり、おすすめグループを「発見」したりできます。

参加しているグループを表示する

1 [グループ]画面を表示する

ワザ078を参考に、[メニュー]画面を表示しておく

❶[グループ]をタップ

❷[参加しているグループ]をタップ

2 目的のグループを表示する

参加しているグループが一覧で表示された

目的のグループをタップ

参加しているグループが表示された

LINE

Instagram

Facebook

Twitter

イベントを利用しよう

Facebookには、パーティーや講演会などの「イベント」を告知するページがあります。日時や場所などを確認するのに便利です。また、「参加」「不参加」といった意思表示が可能なので、事前に誰が参加するのかを確認することもできます。

イベントに参加未定と返事する

1 お知らせを確認する

イベントに招待されると新規のお知らせとして数字が表示される

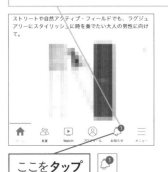

ここを**タップ**

2 招待されたイベントを表示する

お知らせの一覧が表示される

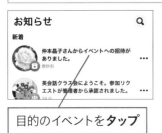

目的のイベントを**タップ**

3 招待に回答する

イベントのページが表示された

ここでは、ひとまず［未定］と登録する

［回答］を**タップ**

まめ知識　［イベント］の［発見］では、友達が参加予定など興味あるイベントを検索できます。

4 未定と回答する

[未定]を**タップ**

5 予定に回答できた

[未定]と表示された

予定を変更するには、手順3〜4を参考に[参加予定]または[参加しない]をタップする

HINT [参加しない]にすると以降情報が届かない

手順4で[参加しない]を選ぶと、これ以降このイベントの情報が表示されなくなります。スケジュールがまだ決まらない場合や、参加を迷っている場合は、とりあえず[未定]を選んでおきましょう。

HINT 自分のイベントを作成するには

友達が招待してくれたイベントに参加するだけでなく、自分が主催のイベントを作成して友達を招待することができます。ワザ078を参考にメニュー画面を表示して、[イベント]をタップします。画面右上のカレンダーアイコンをタップし、[主催](Androidでは[主催イベント])の[イベントを作成]をタップすると、作成画面が表示されます。イベント名や日時・場所を入力し、イベントの公開・非公開を選択して、[イベントを作成]をタップします。[写真を追加]からイベントに合ったテーマを選択することもできます。

[イベント]画面の右上にあるカレンダーアイコンを**タップ**

イベントの詳細を入力して[イベントを作成]をタップする

LINE

Instagram

Facebook

Twitter

プライバシーを設定しよう

Facebookでは、シェアした近況や写真、プロフィールに掲載した情報などを誰が見ることができるかを、自分自身でコントロールできます。［プライバシー設定の確認］では、複雑なプライバシー設定をシンプルに設定できる、確認・管理のツールを利用できます。

フェイスブック

Facebookで近況を伝え合おう

重要なプライバシー設定を確認する

1 ［設定とプライバシー］画面を表示する

❶［メニュー］を**タップ**

❷［設定とプライバシー］を**タップ**

❸［設定］を**タップ**

2 ［プライバシー設定の確認］画面を表示する

［設定とプライバシー］のメニューが表示された

［プライバシー設定の確認］を**タップ**

3 コンテンツのプライバシー設定を確認する

❶ [コンテンツのプライバシー設定]を**タップ**

× ···

プライバシー設定の確認

あなたのアカウントに合ったプライバシー設定の選択方法をご案内します。

どの項目からスタートしますか？

コンテンツのプライバシー設定 / アカウントの安全確保 / Facebookでのあなたの検索 / Facebookのデータ設定

❷ [次へ]を**タップ**

コンテンツのプライバシー設定

最適なプライバシー設定になっていることを確認するため、設定オプションをステップごとにご案内します。

- プロフィール情報
- 投稿とストーリーズ
- ブロック

次へ

プロフィール情報が表示された	ここでは変更せずに操作を進める

プロフィール情報

以下のプロフィール情報を確認し、プライバシー設定を選択してください。プロフィールには下記以外の情報が含まれていることがあります。

電話番号

080-■■■■■■■ 🔒 自分のみ ▾

あ■■■■■■■■■る人物や■■■■ ▾
ジ、リストを閲覧できる人

● ● ● ● 次へ

❸ [次へ]を**タップ**

4 投稿とストーリーズのプライバシー設定を変更する

ここでは、デフォルトの共有範囲を変更する

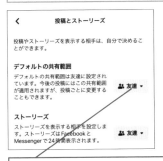

‹ 投稿とストーリーズ

投稿やストーリーズを表示する相手は、自分で決めることができます。

デフォルトの共有範囲

デフォルトの共有範囲は友達に設定されています。今後の投稿にはこの共有範囲が適用されますが、投稿ごとに変更することもできます。 👥 友達 ▾

ストーリーズ

ストーリーズを表示する相手を設定します。ストーリーズはFacebookとMessengerで24時間表示されます。 👥 友達 ▾

❶ [デフォルトの共有範囲]の[友達]を**タップ**

❷ [公開]を**タップ**

‹ デフォルトの共有範囲

デフォルトの共有範囲は友達に設定されています。今後の投稿にはこの共有範囲が適用されますが、投稿ごとに変更することもできます。

デフォルトの共有範囲を選択

○ 🌐 公開
Facebook利用者以外を含むすべての人

✓ 👥 友達
Facebookの友達

○ 一部を除く友達
一部の友達に表示しません ›

もっと見る

❸ ここ（Androidでは [←]）を**タップ** ‹

‹ デフォルトの共有範囲

デフォルトの共有範囲は友達に設定されています。今後の投稿にはこの共有範囲が適用されますが、投稿ごとに変更することもできます。

デフォルトの共有範囲を選択

✓ 🌐 公開
Facebook利用者以外を含むすべての人

○ 👥 友達
Facebookの友達

○ 一部を除く友達
一部の友達に表示しません ›

もっと見る

次のページに続く—→

LINE

Instagram

Facebook

Twitter

5 デフォルトの共有範囲が
変更できた

[デフォルトの共有範囲] を [公開]
に変更できた

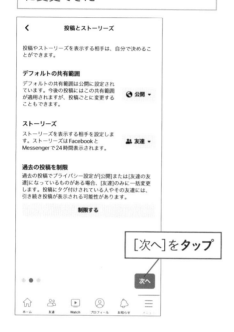

[次へ]を**タップ**

6 ブロックリストの設定を
スキップする

ここではブロックリストを
設定せずに進める

[次へ]を**タップ**

7 プライバシー設定の確認が
完了した

プライバシー設定の確認が完了した

[ホーム] をタップして
[ホーム]画面に戻る

Androidでは画面左上の [←] を複
数回タップして [ホーム]画面に戻る

HINT [プライバシーセンター]
が表示される場合も

一部のAndroidデバイスでは、
[設定とプライバシー] の [プラ
イバシーセンター] の [プライバ
シー設定を確認]で手順3の画面
が開きます。

フェイスブック

Facebookで近況を伝え合おう

100

迷惑ユーザーをブロックしよう

断っても断っても友達リクエストを繰り返してきたり、投稿に迷惑コメントを付けたりするユーザーがいたら、そのユーザーはブロックしてしまいましょう。そうすれば、そのユーザーからはあなたのプロフィールがまったく見えなくなるうえ、検索結果にも表示されなくなります。

迷惑ユーザーから自分を見えなくする

1 ブロックの操作をはじめる

ワザ084を参考に、迷惑ユーザーの
タイムラインを表示しておく

ここを**タップ**

2 ブロックする

メニューが表示された

❶ [ブロックする]を**タップ**

```
<          管理
[!]  プロフィールを報告
♡    ████ さんをヘルプ
⚐    ブロックする
Q    検索
```

確認画面が表示された

> ████ さんをブロックしますか?
> ████ さんは以下のことができなくなります:
> ・あなたの投稿を見ること
> ・タグ付けする
> ・イベントまたはグループへ招待する
> ・スレッドを開始する
> ・友達になる
>
> 友達である場合、████ さんをブロック…
>
> キャンセル   ブロック

❷ [ブロック]を**タップ**

❸次の画面で [閉じる]を**タップ**

HINT ブロックを解除するには

ブロック済みの人を確認するには、ワザ099を参考に [設定とプライバシー]の [設定]をタップし、[プライバシー] の [ブロック] をタップします。[ブロックを解除]をタップすると解除できます。

LINE
Instagram
Facebook
Twitter

101

プライバシーを設定する

二段階認証を設定して安全性を高めよう

二段階認証とは、ログインするときにパスワードのほかにもう1つ別の要素を使って認証するセキュリティ機能です。万が一、パスワードが類推されて誰かがあなたのFacebookアカウントでログインしようとしても、携帯電話のSMSなどに届くログインコードがわからなければログインすることができません。

二段階認証を設定する

1 [設定とプライバシー]画面を表示する

❶ [メニュー]を**タップ**

❷ [設定とプライバシー]を**タップ**

❸ [設定]を**タップ**

2 [パスワードとセキュリティ]画面を表示する

[パスワードとセキュリティ]を**タップ**

3 二段階認証の設定をはじめる

> ❶画面を下に**スクロール**

> ❷ [二段階認証を使用]
> を**タップ**

4 コードを送信する

> セキュリティの強化方法を選択する
> 画面が表示された

> ここでは携帯電話の電話番号
> にSMS（テキストメッセージ）
> が届く設定にする

> ❶ [SMS]を**タップ**

> ❷ [次へ]を**タップ**

5 電話番号を選択する

> [電話番号を選択] 画面が
> 表示された

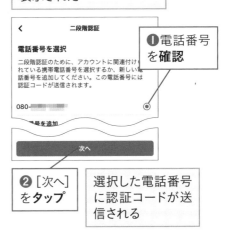

> ❶電話番号
> を**確認**

> ❷ [次へ]
> を**タップ**

> 選択した電話番号
> に認証コードが送
> 信される

LINE

Instagram

Facebook

Twitter

次のページに続く──→

できる 219

6 コードを確認する

❶iPhoneのホーム画面に戻って
[メッセージ]を**タップ**

Androidではアプリ一覧で [SMS]
アプリをタップして起動する

❷コードを
確認

[Facebook]アプリに戻る

7 コードを入力する

コードの入力を求める画面が
表示された

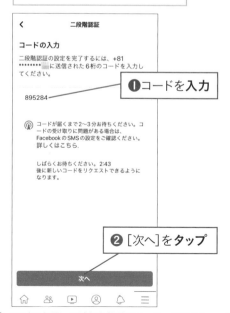

❶コードを**入力**

❷[次へ]を**タップ**

8 二段階認証がオンになった

[二段階認証はオンになっています]
と表示された

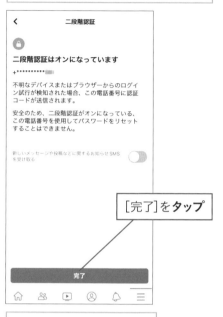

[完了]を**タップ**

二段階認証を設定できた

102

プライバシーを設定する

アカウントを完全に
削除するには

Facebookの利用を止めたいときには、アカウントを削除するか、利用解除することができます。どちらの場合でもほかのユーザーからは見られなくなりますが、利用解除は好きなときに再開できデータも消えません。一方、アカウントを完全に削除すると、情報もすべて削除されます。

アカウントを完全に削除する

1 **[アカウントの所有者と
コントロール]画面を表示する**

ワザ101を参考に、[設定]画面を
表示しておく

❶[個人情報・アカウント
情報]を**タップ**

❷[アカウントの所有者と
コントロール]を**タップ**

2 **[アカウントの削除]を選択する**

❶[利用解除と削除]を**タップ**

❷[アカウントの削除]を**選択**

❸[アカウントの削除へ移動]
を**タップ**

LINE

Instagram

Facebook

Twitter

次のページに続く→

3 [アカウントの削除]画面を表示する

[アカウントの削除] 画面が表示された

❶削除する前の確認事項を**確認**

❷ [アカウントの削除へ移動] を**タップ**

❸画面を下に**スクロール**

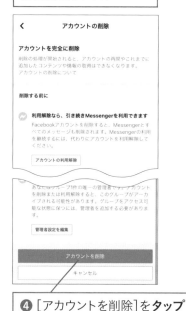

❹ [アカウントを削除]を**タップ**

4 パスワードを入力する

[削除の確認]画面が表示された

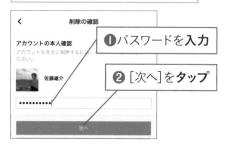

❶パスワードを**入力**

❷ [次へ]を**タップ**

5 アカウントを削除する

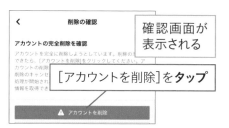

確認画面が表示される

[アカウントを削除]を**タップ**

アカウントを削除できた

HINT 完全に削除する前に

アカウントを完全に削除する前に、それまでシェアした情報をバックアップしておくといいでしょう。ワザ101の [設定とプライバシー] から [設定] → [あなたのFacebook情報]の [個人データをダウンロード] をタップしてください。削除後30日以内なら、再びログインすることで、削除をキャンセルできます。30日が経過するとアカウントとデータは完全に削除されて、復元できなくなります。

第4章

Twitterで
つぶやきを楽しもう

103

Twitterをはじめよう
ツイッター

Twitter（ツイッター）は、原則140文字程度の短いメッセージ（ツイートといいます）を投稿するサービスです。ふと思ったことや身の回りの出来事、たとえば美味しい食事をしたときにお店の情報を友だち（フォロワーといいます）に写真付きで共有したり、会話をしたりして楽しむことができます。

ツイッター

Twitterでつぶやきを楽しもう

●世界中の人が「ツイート」している

Twitterはアメリカに本社があり、世界中で毎月5億人以上が利用しています。国別利用者で日本はアメリカに次いで多く、毎月6千万人ほどが利用しています。政治家や経営者、映画俳優やロックスター、そして私たちのような普通の人々も、みんな同じように140文字程度の短い文章で日常の出来事や感じたことを発信しています。広い世界が身近に感じられるサービスです。

自分のツイート

情報提供のツイート

友だちのツイート

有名人のツイート

Twitterでできることを知ろう

Twitterは短いメッセージを投稿できるだけですが、シンプルだからこそいろいろな使い方ができます。近況や写真を「ツイート」したり、知り合いに「リプライ」（返信）したり、面白い投稿を「リツイート」（転送）したり。同じ言葉（ハッシュタグ）で仲間を見つけることもできます。

● 情報をうまく活用しよう

たくさんのニュースサイトやメディアがTwitterアカウントを開設しており、政府や企業の公式アカウントも情報を発信しています。テレビで見るような著名人も、自分の考えを直接ツイートしています。そういったアカウントを直接フォローしていなくても、友人知人からリツイートされたり、ハッシュタグから見つけたりできます。大量の情報に流されないよう、自分にとって重要な情報をうまく活用しましょう。

友だちと会話する
（ワザ114、117）

情報をリツイートで
拡散する（ワザ124、125）

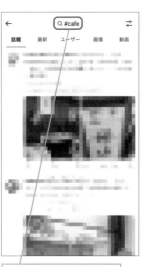

情報を集める（ワザ113、127、128）

LINE

Instagram

Facebook

Twitter

Twitterの初期設定をしよう

Twitterを利用するには、自分のユーザーアカウントが必要です。初めての人でも、携帯電話の電話番号（もしくは自分がいつも使っているメールアドレス）があれば、Twitter公式アプリから手軽に登録できます。登録時には仮のユーザー名が自動生成で付けられるので、自分らしいユーザー名に変更しましょう。

ツイッター

Twitterでつぶやきを楽しもう

Twitterのアカウントを新規登録する

1 Twitterを起動する

4〜7ページを参考に、[Twitter]アプリをインストールしておく

[Twitter]を**タップ**

2 新規登録をはじめる

[アカウントを作成]を**タップ**

Androidでは[言語を選択]画面で日本語を選択後、[次へ]をタップする

3 名前と電話番号、生年月日を設定する

❶[名前]に自分の名前（ニックネームでもいい）を入力

❷[電話番号]に自分の電話番号を**入力**

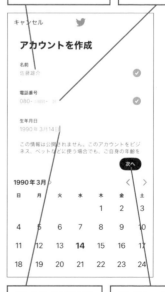

❸[生年月日]に自分の生年月日を**設定**

❹[次へ]を**タップ**

名前はあとでも変更できる

4 ウェブ閲覧履歴の追跡を オフにする

ここではウェブ閲覧の履歴追跡を オフにする

❶ここを**タップ**してオフに設定

← 🐦

環境をカスタマイズする

Twitterコンテンツを閲覧したウェブの場所を追跡

Twitterはこのデータを使って表示内容をカスタマイズします。このウェブ閲覧履歴とともに名前、メール、電話番号が保存されることはありません。

登録すると、Twitterの利用規約、プライバシーポリシー、Cookieの使用に同意したとみなされます。Twitterは、プライバシーポリシーに記載されている目的で、メールアドレスや電話番号など、あなたの連絡先情報を利用することがあります。詳細はこちら。

次へ

❷ [次へ]を**タップ**

5 アカウントを登録する

❶アカウントの登録内容を**確認**

← 🐦

アカウントを作成

名前
佐藤諒介 ✓

電話番号
080- ▓▓▓ - ▓ ✓

生年月日
1990 年 3月14日 ✓

連絡先に登録している Twitter ユーザーに通知などが表示されます。ただし、こちらで設定を変更できます。

登録する

❷ [登録する]を**タップ**

6 電話番号を認証する

電話番号の認証
認証コードはショートメールで 080-▓▓▓▓▓ に送信されます。ショートメール基本使用料がかかる場合があります。

編集　　　　OK

[OK]を **タップ**

ショートメール (SMS) に認証コードが 送信される

7 認証コードを入力する

メッセージアプリ (AndroidではSMS アプリ) を起動して、認証コードを確認する

← 🐦

認証コードを送信しました

メールアドレスを認証するため、以下にコードを入力してください。080-▓▓▓ -▓

2　7　1　2　2　9

❶認証コードを入力

❷ [次へ] を**タップ**

次へ

HINT 自分のユーザー名を 設定しておこう

Twitterアカウントの新規登録は 手順5で完了ですが、自動的に 仮のユーザー名が付けられていま す。手順10からの説明に従って、 ユーザー名を変更しましょう。英 数字 (A ～ Z、0 ～ 9)およびアン ダースコア (_) が利用でき、長さ は5文字から15文字までで、大文 字小文字は区別されません。

次のページに続く→

LINE

Instagram

Facebook

Twitter

8 パスワードを設定する

[パスワードを入力] 画面が
表示された

パスワードを入力
8文字以上にしてください。

パスワード

❶ パスワード
を入力

❷ [次へ] を
タップ

9 プロフィール画像の選択を
スキップする

[今はしない]を**タップ**

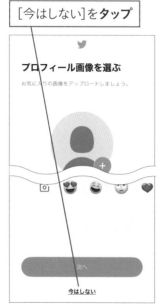

プロフィール画像を選ぶ
お気に入りの画像をアップロードしましょう。

今はしない

10 ユーザー名を変更する

ここでは、Twitterで使われる
ユーザー名を変更する

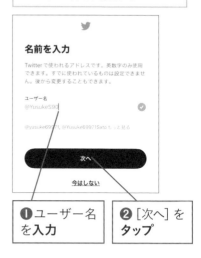

名前を入力
Twitterで使われるアドレスです。英数字のみ使用
できます。すでに使われているものは設定できませ
ん。後から変更することもできます。

ユーザー名
@YusukeS90

@yusuke69971, @iYusuke69971Sato もっと見る

❶ ユーザー名
を入力

❷ [次へ] を
タップ

**HINT 自分らしいユーザー名
を設定しよう**

ほかのSNSやブログで使ってい
るハンドル名など、自分らしい
ユーザー名を設定する際に、ほ
かのユーザーが使っていなけれ
ばそのまま設定できます。希望す
るユーザー名がすでに使われて
いるときには、数字やアンダース
コアを付け足すといいでしょう。

---

11 連絡先へのアクセスをスキップする

連絡先へのアクセスについての説明が表示された

❶ [続ける]をタップ

❷ [許可しない]をタップ

12 興味のあるトピックを設定する

表示されたトピックから3つ以上選択する

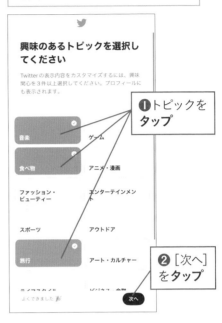

❶ トピックをタップ

❷ [次へ]をタップ

13 トピックの詳細設定をスキップする

ここでは設定せずにスキップする

[次へ]をタップ

次のページに続く→

14 アカウントを1つ以上 フォローする

アカウントから1つ以上フォローする

❶［フォローする］をタップ	❷［次へ］をタップ

15 リストのフォローをスキップする

ここではリストのフォローをスキップする

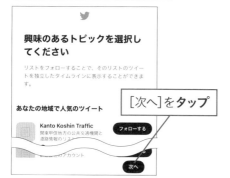

［次へ］をタップ

16 おすすめアカウントのフォローをスキップする

ここではおすすめアカウントのフォローをスキップする

［今はしない］をタップ

17 アカウントが作成できた

ホーム画面が表示された

ツイッター

Twitterでつぶやきを楽しもう

●まめ知識 Twitterという単語を含むユーザー名は、Twitter公式アカウントだけに許されています。

106

「フォロー」と「フォロワー」を
しっかり理解しよう

Twitterで知り合いを見つけたり、企業や有名人について知りたかったりすると
きには、そのユーザーを「フォロー」します。逆に、自分のツイートを購読して
もらうには、フォローしてもらわなくてはいけません。自分をフォローしてくれて
いる人を「フォロワー」といいます。

●「フォロー」して相手の発言を購読する

友だちや有名人の発言を購読したり、企業やブランドの情報を入手したりする
には、そのアカウントを「フォロー」しなければなりません。アカウントをフォロー
すると、その人が何か発言するたびに自分のタイムラインにもリアルタイムで表
示されます。新聞や雑誌を購読するようにいろいろなアカウントをフォローする
と、それぞれの発言がすべてタイムラインに表示されて、とてもにぎやかになり
ます。Twitterの画面は次のワザ107で説明しますが、いろいろな人の発言（ツ
イート）が、上から下へと並んで表示されます。ユーザーの関心が高いと考えら
れる「トップツイート」や新しい発言が常に一番上に表示されて、次の発言が現
れると1つ下になります。こうして川が流れるように、上から下へと新しい発言が
どんどん追加されていくので「タイムライン」といいます。いつもリアルタイムで
フォローしている人たちの最新情報を読むことができるのです。

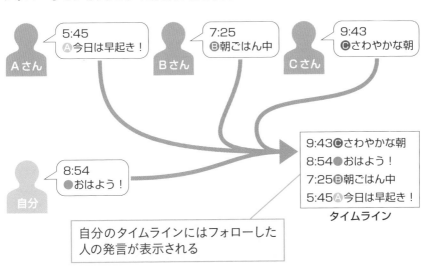

自分のタイムラインにはフォローした
人の発言が表示される

次のページに続く→

●自分の発言を購読してくれるのが「フォロワー」

あなたが誰かをフォローするように、あなたの発言に興味を持った誰かが、あなたのアカウントをフォローしてくれるでしょう。たとえば仲のいい友だち同士なら、お互いにフォローし合うこともよく見かけます。自分をフォローしている人のことを「フォロワー」といいます。

フォロワーはあなたの発言に興味があり、読んでくれています。気になったことがあれば返信をしてくれて会話がはじまったり、重要な情報をリツイートして広めてくれたりします。Twitterで情報を入手するときにはどんなアカウントをフォローするかが重要ですが、自分で情報を発信したり会話を楽しんだりするうえでは、趣味や興味の合うフォロワーがどれだけいるかが大切です。

誰かにフォローされると、あなたのところにお知らせが届きます。フォロワーになってくれたユーザーを見て、自分の親しい友だちであったり、知らないユーザーでも興味や趣味が合いそうなら、こちらからもフォローをし返すといいでしょう。これを「フォローバック」といいます。フォローとフォロワーが広がると、Twitterのコミュニケーションは楽しくなります。

●フォローとフォロワーの関係

フォローする

フォローされる

自分

Aさん

自分をフォローしている人を「フォロワー」と呼ぶ

HINT 「フォローする」「フォローされる」は片方向でいい

フォローされたからといって、必ずしもフォローし返さなくてはならないわけではありません。あまり無節操にたくさんの人をフォローしてしまうと、重要な発言を読み落としたり、興味のない発言が増えて楽しくなくなったりすることもあります。フォローするのは、あくまで自分が興味のある人だけにしておくのがいいでしょう。逆に誰かをフォローしたときにも、相手があなたをフォローし返してくれるとは限りません。フォローする人数を制限していたり、顔見知りしかフォローしないと決めていたりするのかもしれません。誰をフォローするかは、その人の自由なのです。

●まめ知識　SNSには、Twitterのような片方向フォロー型と、Facebookのような友だち申請型があります。

Twitterの画面を確認しよう

Twitterはシンプルなアプリですが、画面を見ると意外とたくさんのアイコンがあります。すべてをすぐに使いこなす必要はありません。まず［ホーム］画面を表示して、タイムライン（TL）に流れてくる友だちや企業のツイートを眺めることからはじまります。

Twitterアプリの画面構成

iPhoneの画面

Androidの画面

❶［ホーム］画面を表示する

❷メニュー画面を表示する

❸ツイートやユーザーを検索する
（ワザ110、127）

❹スペースでトークする

❺自分に届く通知を表示する

❻ダイレクトメッセージを送受信する

❼ツイートを投稿する

❽ツイートの表示方法を［おすすめ］と
［フォロー中］から選択する

次のページに続く──➡

LINE

Instagram

Facebook

Twitter

❷メニュー画面

自分のプロフィールやリスト
を表示したり、設定を変更し
たりする

❹スペース

トークルームを作成してメンバー
とトークする（ワザ121、122）

❺通知

自分がフォローされたときや、リプ
ライ、リツイート、お気に入りに登
録されたときなどの通知を表示する
（ワザ115）

❻ダイレクトメッセージ

自分に届いたダイレクトメッセージ
を確認したり、会話のやりとりを表
示したりできる（ワザ118）

❼ツイートの投稿

ツイートの内容を入力してツイート
する（ワザ111）

Twitterの基本を知る

プロフィールの画像と
自己紹介を登録しよう

Twitterのプロフィールはとてもシンプルです。年齢や性別などは必要ありません。画像（アイコン）で覚えてもらうことも多いので、自分らしいアイコン画像とヘッダー画像を設定しておきましょう。アイコン画像の大きさは横200×縦200ピクセル程度、ヘッダー画像は横1,200×縦300ピクセル程度です。

LINE

Instagram

Facebook

Twitter

メニューを表示する

1 メニューを表示する

[ホーム]画面を表示しておく

ここを**タップ**

2 メニューが表示された

プロフィールや設定の変更はここから行う

ここをタップすると［ホーム］画面が表示される

次のページに続く→

プロフィールを設定する

1 プロフィール画面を表示する

[ホーム]画面を表示しておく

❶プロフィール画像を**タップ**

❷[プロフィール]を**タップ**

2 プロフィール画面が表示された

[プロフィールを入力]を**タップ**

HINT ユーザー名は[アカウント]設定から変更できる

手順10（238ページ）では変更しないユーザー名ですが、あとから好きなときに変更できます。ワザ108を参考にメニューを表示して[設定とサポート]から[アカウント]の[アカウント情報]に進みます。ユーザー名を変更すると、変更前の古いユーザー名は誰でも再利用できてしまうので注意してください。同じ画面でメールアドレスを設定したり、電話番号を変更したりもできます。

●まめ知識　ログイン画面の「パスワードをお忘れですか？」からパスワードをリセットできます。

3 プロフィール画像の設定をはじめる

[プロフィール画像を選ぶ] 画面が表示された

ここを**タップ**

Androidでは続けて [フォルダから画像を選択]をタップする

4 写真の利用を許可する

写真へのアクセスを尋ねる画面が表示された

[すべての写真へのアクセスを許可]
(Androidでは [許可])を**タップ**

5 写真を選択する

保存されている写真が一覧表示された

アイコンにしたい写真を**タップ**

6 写真の使用範囲を決める

❶**ドラッグ**したり拡大・縮小したりして調整

❷ [適用]を**タップ**

❸次の画面で [完了]を**タップ**

次のページに続く——➡

LINE

Instagram

Facebook

Twitter

7 プロフィール画像が設定できた

プロフィール画像を選択できた

[次へ]を
タップ

8 ヘッダー画像を設定する

[アップロード]をタップして、
プロフィール画像と同様にヘ
ッダー画像を設定しておく

ヘッダー画像を設定できた

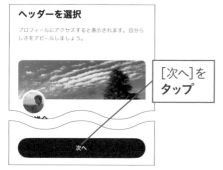

[次へ]を
タップ

9 自己紹介文を入力する

[自己紹介]画面
が表示された

❶自己紹介文
を**入力**

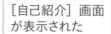

❷[次へ]を**タップ**

10 ユーザー名の変更をスキップする

ここではワザ105で設定したユーザ
ー名をそのまま使用する

[今はしない]を**タップ**

●まめ知識　セキュリティ向上のため正しいメールアドレスと電話番号を設定しましょう。

11 現在いる場所を設定する

[どちらにお住まいですか?]という
画面が表示された

❶[位置情報]をタップ

❷住所を
入力

❸[検索]を
タップ

❹[次へ]をタップ

12 プロフィールを設定できた

「プロフィールが変更されました」と
表示された

[プロフィールを見る]をタップ

プロフィールを設定できた

LINE

Instagram

Facebook

Twitter

109 Twitterの基本を知る

プロフィールを変更しよう

プロフィールに表示される名前や画像は簡単に変更できます。自分の状況や気分に合わせてプロフィールをカスタマイズするのも楽しいでしょう。変更できるのはワザ105で設定した［名前］と［生年月日］、ワザ108で設定した画像や［自己紹介］［場所］などです。

ツイッター

Twitterでつぶやきを楽しもう

1 ［編集］画面を表示する

ワザ108を参考に、プロフィール画面を表示しておく

［編集］（Androidでは［プロフィールを編集］）を**タップ**

2 プロフィールが編集できるようになった

プロフィールの編集画面が表示された

変更したい項目を**タップ**

プロフィール変更後は、［保存］をタップする

HINT NFTが設定できる

有料制のサブスクリプションTwitter Blue加入者に限定の機能で、所有するNFT（非代替性トークン）のデジタル資産を、プロフィール画像として、六角形の形状で表示できます。

❶アイコン画像を**タップ**

❷［NFTを選択］を**タップ**

●まめ知識　Twitter Blueは米国で2021年11月、日本では2023年1月に開始されました。

110

やりとりを楽しむ

知り合いをフォローしよう

Twitterは有名人もたくさん利用しています。そういったユーザーをフォローするのも面白いですが、何げないツイートをやりとりして楽しいのは、やはり仲のいい友だちや家族でしょう。まず、知り合いのユーザーをフォローするところからはじめましょう。

知り合いをフォローする

1 ユーザーの検索を開始する

[ホーム]画面を表示しておく

ここを**タップ** 🔍

2 ユーザー名を入力する

❶検索したい人のユーザー名や名前（ここでは「nakasyo331」）を**入力**

❷ [search]を**タップ**

3 プロフィールを表示する

❶ [ユーザー]タブを**タップ**

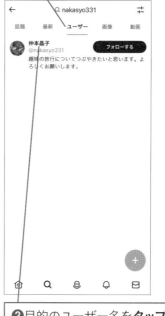

❷目的のユーザー名を**タップ**

次のページに続く ⟶

4 フォローする

目的のユーザーのプロフィール画面が
表示された

自己紹介や写真、発言内容を確認
して知り合いかどうかを確認

[フォローする]
を**タップ**

ほかにユーザーを探すかを尋ねる
画面が表示されたら［後で試す］を
タップする

5 [ホーム]画面を表示する

［フォロー中］と表示された

再度［フォロー中］
をタップするとフォ
ローが解除される

ここ（Androidでは画面左上の
矢印のアイコン）を**タップ**

6 知り合いをフォローできた

［ホーム］画面が表示された

［フォロー中］タブを**タップ**

フォローした人のツイートが
表示される

HINT もっと効率的に 知り合いを探すには

ワザ105（229ページ）の手順11
の画面で［OK］をタップすると、
スマートフォンの連絡先に登録し
ているなかで、Twitterを利用し
ている知り合いが、ワザ129（280
ページ）の［おすすめユーザー］に
表示されます。連絡先をあとから
同期するには、ワザ129のHINT
を参照してください。

●まめ知識 Twitter Blueの利用者は、アカウントに青いチェックマークが追加されます。

111

最初のツイートをしよう

Twitterで最初のひとことはなんにしましょうか。「こんにちは」でも「はじめました」でも、自分の今の気持ちを気軽につぶやいてみましょう。気付いた友だちが「よろしくね」と返事をしてくれるかもしれません。最初はあまり深く考えず、何度もツイートして慣れていきましょう。

自分の言葉をツイートしてみる

1 ツイートの入力画面を表示する

[ホーム]画面を表示しておく

[+]を**タップ**

●Androidの場合

❶画面右下の [+]を**タップ**

ここでは文字のみツイートする

❷[ツイート]のアイコンを**タップ**

2 ツイートする文章を入力する

ツイートする文章を**入力**

[公開] をタップするとツイートの公開範囲を選択できる

3 ツイートする

[ツイートする]を**タップ**

4 タイムラインを確認する

ツイートした文章が表示された

自分をフォローしているユーザーのタイムラインにも同じ内容が表示される

LINE

Instagram

Facebook

Twitter

112

やりとりを楽しむ

@とユーザー名で
ユーザーを指定しよう

「週末に誰かと一緒に遊びに行ったよ」というツイートをするとき、「誰か」を
@ユーザー名で指定すると、読んだ人はどのユーザーかすぐにわかります。こ
れを「メンション」といいます。メンションは、指定したユーザーの［通知］画面
に内容が通知されます。

ツイッター

Twitterでつぶやきを楽しもう

ユーザーを指定して呼びかける

1 ツイートをはじめる

ワザ111を参考に、ツイートの
入力画面を表示しておく

文章のあとに半角スペースを入力

2 ユーザーを指定する

@に続けてユーザー名を入力

HINT メンションは半角スペースで区切りを入れよう

メンションは、「文章」「半角スペース」「@ユーザー名」「半角スペース」「文
章」のように、@ユーザー名の前後に半角スペースを入れます。なお、@ユー
ザー名を先頭に記述したときは「リプライ」（ワザ115）といいます。

3 メンションをツイートする

❶続きの文章を入力

❷［ツイートする］をタップ

4 メンションをツイートできた

友だちを指定して呼びかけながらツイートできた

●メンションを受け取った相手の画面

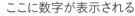 ここに数字が表示される

自分宛てのメンションが表示される

ここをタップ

LINE

Instagram

Facebook

Twitter

113

やりとりを楽しむ

ハッシュタグで話題を共有しよう

同じテレビを観ている、同じイベントに参加している、同じものに興味がある、
そういう仲間と一緒に楽しめるのがハッシュタグです。ツイートに「#タグ名」を
付けてツイートすると、タグがリンクになり、タップすると同じハッシュタグを使っ
ているツイートを一覧できます。

ハッシュタグを付けてツイートする

1 ハッシュタグを入力する

❶ツイートの文章を**入力**

❷半角スペースに続けて
「#cafe」と**入力**

2 ツイートする

ハッシュタグを入力できた

[ツイートする]を
タップ

ハッシュタグを付けて
ツイートできた

HINT ハッシュタグで同じ話題やテーマを共有しよう

ハッシュタグには、そのときのイベントや番組に関連しているものや、みん
なでこぞって面白いツイートをする大喜利のようなものもあります。

●まめ知識　ハッシュタグの「ハッシュ」とは、最初に付ける記号（#）のアメリカでの呼び方です。

ハッシュタグ付きのツイートを検索する

1 ハッシュタグからツイートを検索する

ハッシュタグ付きのツイートを表示しておく

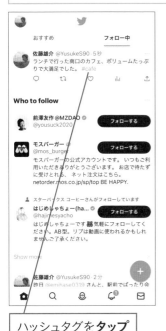

ハッシュタグを**タップ**

2 ハッシュタグでツイートを検索できた

「cafe」というハッシュタグが付いたツイートを検索できた

[話題]が選択されている

日本語のツイートで注目度の高いものから表示されている

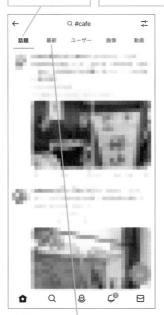

[最新]をタップすると、海外のツイートも表示される

LINE
Instagram
Facebook
Twitter

HINT ハッシュタグにも流行がある

ハッシュタグには、はやりすたりがあるため、今現在で盛んにツイートされているハッシュタグをチェックするといいでしょう。過ぎ去った話題では、検索してもツイートが見つからないこともあります。流行しているハッシュタグは、検索画面を見るとトレンドとして並んでいます（ワザ128）。

114

やりとりを楽しむ

友だちと会話しよう

タイムラインを見ていると、誰かが質問していたり、友だちが近くで困っていたりすることがあります。答えを教えてあげたり、話しかけたりするには、「リプライ」をしてみましょう。メンションと似ていますが、@ユーザー名が先頭にくるのが特徴です。

ツイッター

Twitterでつぶやきを楽しもう

友だちのツイートに返信する

1 ツイートに返信する

話しかけたいツイートを表示しておく

ここを**タップ**

2 リプライの内容を入力する

［返信先］に相手のユーザー名が表示される

返信内容を**入力**

HINT リプライの表示される範囲を覚えておこう

このワザでは、nakasyo331がYusukeS90とプライベートな会話をしています。このリプライは、両人ともフォローしている人のタイムラインにだけ表示されます。

● まめ知識　フォローしていなくても企業の広告（プロモツイート）が表示されることがあります。

3 リプライをツイートする

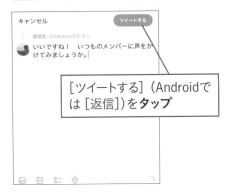

[ツイートする]（Androidでは［返信]）を**タップ**

4 リプライが表示される

自分のリプライが表示された

HINT 通知からやりとりだけを表示できる

自分宛てのリプライは、［通知］画面に表示されます。リプライをタップすると、返信元など前後のツイートがつながった形（スレッド）で表示されます。どういう会話をしていたか振り返ることができて便利です。左下にあるホームアイコンをタップすると［ホーム］画面に戻ります。

リプライがあるときに［通知］画面を表示すると、下のように表示される

ツイートを**タップ**

おすすめのアカウントをもっと見る

画面をスクロールすると、相手とのやりとりだけを表示できる

ここをタップすると、［ホーム］画面に戻る

115

やりとりを楽しむ

通知からリプライを確認しよう

友だちがリプライしてくれたときにすぐ気付けると、楽しい会話のチャンスになります。リプライなどがあると、画面下の鈴アイコンに件数が表示されるので、タップして［通知］画面を表示すると一覧で確認できます。右上の歯車アイコンから通知の設定画面を表示し、プッシュ通知をオンにしておくのもいいでしょう。

ツイッター

Twitterでつぶやきを楽しもう

リプライの通知設定を確認する

1 Twitterを起動する

リプライの件数がアイコンに表示される ⬛1

［Twitter］を**タップ**

2 ［通知］画面を表示する

相手をフォローしていないとリプライはタイムラインには表示されない

ここにリプライの件数が表示される ⬛1

ここを**タップ**

3 通知の設定を確認する

自分宛てのリプライを1件確認できた

ここを**タップ**

HINT ロック画面にも通知が表示される

初期設定ではリプライがあると、ロック画面に通知が表示されます。

通知をタップすると、Twitterを起動できる

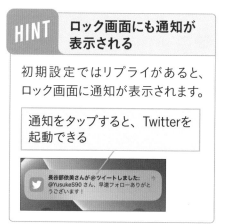

●まめ知識　ツイート（tweet）は鳥の「さえずり」という意味です。日本での「つぶやき」は意訳です。

4 [プッシュ通知]画面を表示する

通知の設定画面が表示された

❶[設定]を
タップ

❷[プッシュ通知]をタップ

5 プッシュ通知の設定を確認する

[プッシュ通知]画面が表示された

[@ツイートと返信]が[オン]に
なっている

メンションがあると、ロック画
面に表示する設定になっている
ことを確認できた

6 [@ツイートと返信]画面を表示する

[@ツイートと返信]を**タップ**

7 リプライの通知設定を確認する

[@ツイートと返信]のここをタップ
するとオフに設定できる

戻るときはここをタップしていく

Androidでは[@ツイートと返信]-
[オフ]の順にタップするとオフに設
定できる

116
やりとりを楽しむ

写真を付けてツイートしよう

Twitterでは、とても簡単に写真を投稿できます。ツイートの入力画面で、保存されている写真を選ぶことも、新しく写真を撮影することもできます。写真付きのツイートはタイムラインでも目立ち、多くのフォロワーに読まれます。シャッターチャンスを逃さず写真を共有しましょう。

ツイッター

Twitterでつぶやきを楽しもう

新たに写真を撮ってツイートをする

1 ツイート画面から
撮影モードにする

ワザ111を参考に、ツイートの
入力画面を表示しておく

カメラのアイコン
を**タップ**

保存されている写真
はここで選択できる

2 カメラとマイクの使用を許可する

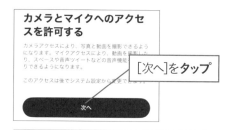

カメラとマイクへのアクセ
スを許可する

[次へ]を**タップ**

続く画面で [OK]を2回タップする

3 写真を撮影する

写真を撮れる状態になった

❶ [撮影]を
タップする

❷ピントを合わせ
たい場所を**タップ**

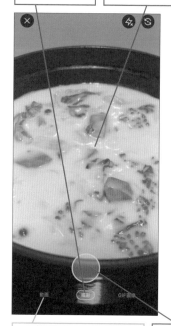

[動画] をタップすると
動画が撮影できる

❸ここを
タップ

まめ知識　Twitterには140秒（2分20秒）までの動画を投稿できます。アプリからでも撮影できます。

4 写真を確認する

[画像を使う] (Androidでは
[写真を使う])を**タップ**

撮り直す場合は [再撮影]
をタップする

5 ツイートする

写真が添付された

❶ツイートする
文章を**入力**

❷ [ツイートする]
を**タップ**

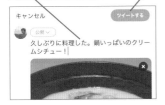

HINT 撮った写真は編集できる

手順5の画面で写真をタップする
と、写真を編集できます。

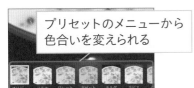

プリセットのメニューから
色合いを変えられる

ここをタップすれば
トリミングもできる

6 タイムラインを確認する

写真付きのツイートが表示された

HINT 動画を撮影、
投稿するには

手順3の画面で [動画] をタップ
すると動画モードになります。初
めてタップしたときは、マイクの
使用許可を求める画面が表示さ
れるので [OK] をタップします。
動画モードでは、赤い丸のアイ
コンをタップすると動画が撮影
できます。

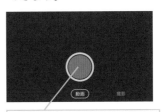

ここをタップすると動画が
撮影できる

117

やりとりを楽しむ

スレッド機能を使って
連続ツイートしよう

ツイートには、140文字までの文字数制限があります（日本語の場合。すべて英数字なら280文字まで。有料版を除く）。ツイートしたいことが長くなったときには、途中まで書いたところでスレッド機能を使い、前のツイートにつなげて入力するといいでしょう。一連のツイートがまとまって、読みやすくなります。

ツイッター

Twitterでつぶやきを楽しもう

スレッド機能で連続ツイートする

1 次のツイートの入力画面を表示する

ワザ111を参考に、ツイートの入力画面を表示しておく

❶1つめのツイートの文章を**入力**

❷ここを**タップ**

2 ツイートの続きを入力する

次のツイートの入力画面が表示された

続きの文章を**入力**

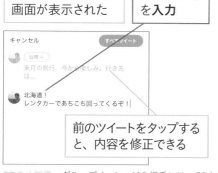

前のツイートをタップすると、内容を修正できる

3 まとめてツイートする

[すべてツイート]を**タップ**

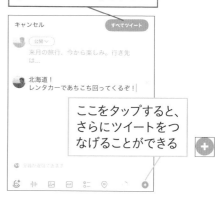

ここをタップすると、さらにツイートをつなげることができる

4 タイムラインを確認する

連続ツイートが表示された

まめ知識　グループメッセージの相手には、50人までのユーザーを追加できます。

118

ダイレクトメッセージを送ろう

Twitterのツイートは基本的には公開されています。本当にプライベートなことをやりとりしたいときは、リプライではなくダイレクトメッセージ (DM) を使いましょう。初期設定では、DMは自分のフォロワーにのみ送信でき、自分がフォローしているユーザーからのみ受信できることを覚えておきましょう。

フォロワーにメッセージを送る

1 フォロワーの一覧を表示する

ワザ108を参考に、メニュー画面を表示しておく

[フォロワー]
を**タップ**

2 メッセージを送りたい ユーザーを選択する

フォロワーの一覧が表示された

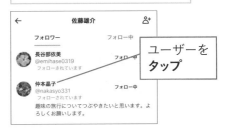

ユーザーを
タップ

HINT グループで会話するには

複数人のフォロワーとグループで会話することもできます。次ページの手順3を参考に [メッセージ] 画面にある封筒のアイコンをタップし、会話したいユーザーを一覧から選択するか検索し、画面下の [メッセージを作成] から会話を開始します (Androidの場合は [次へ] をタップします)。右上の [i] アイコンから [グループ情報] でメンバーを確認し、グループ名を編集できます。

招待するフォロワーを名前などで検索し、タップしてメンバーに追加する

複数人と会議のようにして
メッセージをやりとりできる

次のページに続く→

3 メッセージを送りはじめる

相手のプロフィール画面が
表示された

ここを**タップ** 　☑

4 メッセージの内容を入力する

メッセージの送信画面が表示された

ここをタップすると、写真
やGIF画像を添付できる　🖼 　GIF

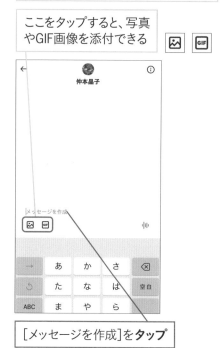

[メッセージを作成]を**タップ**

5 メッセージを送信する

❶メッセージの
文章を**入力**

❷ここを
タップ　▶

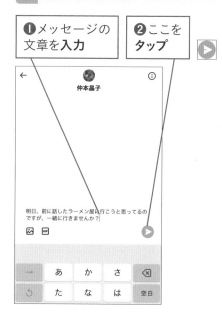

6 メッセージが送信できた

送信したメッセージの内容が
表示された

ここをタップすると、
手順3の画面に戻る　←

119

やりとりを楽しむ

ダイレクトメッセージを
確認して返信しよう

ダイレクトメッセージを受け取ると、アプリに通知が届きます。アプリを立ち上げて「受信トレイ」を確認しましょう。相手ごとに一覧になっているので、届いたメッセージをタップすると内容が表示されます。そのまま送信の手順（ワザ118）と同じように返信を書くことができます。

受け取ったメッセージを確認する

1 Twitterを起動する

メッセージやメンションの件数がアイコンに表示される

[Twitter]をタップ

2 メッセージを表示する

[ホーム]画面が表示された

ここをタップ

3 やりとりを表示する

相手のメッセージが表示された

ここをタップすると、複数人を選んでメッセージを送ることができる（255ページのHINTを参照）

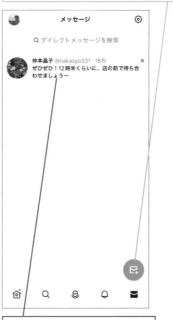

相手のメッセージをタップ

次のページに続く→

受け取ったメッセージに返信する

ツイッター

Twitterでつぶやきを楽しもう

1 メッセージを確認する

会話形式で相手のメッセージが
表示された

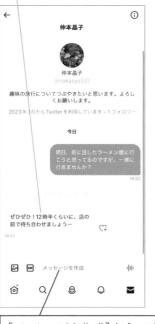

[メッセージを作成]を**タップ**

2 メッセージを返信する

❶メッセージを**入力**

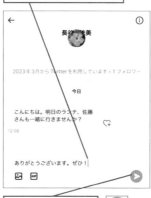

❷ここを**タップ**

3 メッセージに返信できた

返信が表示された

120

Twitterサークルを使う

Twitterサークルを
使ってみよう

サークルは、限られたユーザーだけにツイートするための機能です。あらかじめサークルにユーザーを追加しておき、ツイートするときにオーディエンス（公開範囲）として「Twitterサークル」を指定します。このツイートはほかのユーザーからは見られず、選ばれた人だけに届きます。

Twitterサークルを編集する

1 Twitterサークルの追加を開始する

ワザ108を参考に、メニューを表示しておく

[Twitterサークル]を**タップ**

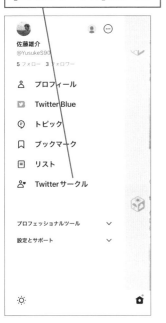

2 Twitterサークルの説明を確認する

初回起動時はTwitterサークルの説明が表示される

[OK]を**タップ**

LINE

Instagram

Facebook

Twitter

次のページに続く⟶

3 メンバーを選択する

[Twitterサークルを編集] 画面が
表示された

追加したいメンバーの [追加する]
（Androidでは [追加]）を**タップ**

4 メンバーを追加できた

Twitterサークルにメンバーを
追加できた

ここを**タップ**

2回目以降は画面下の [完了]
をタップして編集を終了する

Twitterサークルに向けてツイートする

1 [オーディエンスを選択]画面を
表示する

ワザ111を参考に、ツイートの
入力画面を表示しておく

[公開]を**タップ**

2 Twitterサークルを選択する

[オーディエンスを選択] 画面が
表示された

[Twitterサークル]を**タップ**

● まめ知識　イーロン・マスク氏は電気自動車のテスラや宇宙開発で成功した起業家です。

3 文章を作成してツイートする

公開範囲に［Twitterサークル］と
表示された

❶ツイートする
文章を入力

❷［ツイートする］
をタップ

4 Twitterサークルあてに ツイートできた

［ホーム］画面を表示しておく

ツイートと一緒にTwitterサークルの
メンバーのみに表示される旨のメッ
セージが表示された

LINE

Instagram

Facebook

Twitter

HINT サークルに追加するユーザーを選ぶ

サークルは、アカウントごとに1つしか設定できません。そのため、誰に見せるのかを考えて選ぶ必要があります。あとからユーザーの追加や削除もできますが、メンバーを追加すると過去のサークルのツイートも見れるようになり、削除すると過去のツイートも見れなくなります。サークルのツイートへのコメントもサークルのユーザーだけに届くため、コメントした人を見て同じサークルにいるということがほかのユーザーにもわかりますが、メンバーの一覧は作成者したユーザーしか確認できません。最大で150人までをサークルに追加できます。

121

Twitterスペースを楽しむ

Twitterスペースで
音声会話をしよう

スペースを使うと、リアルタイムで音声の会話を楽しむことができます。一般的な音声チャットとは違い、話す人（ホストとスピーカー）と聞く人（リスナー）が分けられているので、ラジオのような使い方もできます。スペースは一般公開されており、誰でもリスナーとして参加できます。

ツイッター

Twitterでつぶやきを楽しもう

Twitterスペースを作成する

1 [スペースを作成]画面を
表示する

[ホーム]画面を表示しておく

❶ここを**タップ**

[スペース]画面が表示された

❷ここを**タップ**

2 スペースを作成する

[スペースを作成]画面が
表示された

ここではトピックを選択して、
スペースをすぐにはじめる

❶スペース名
を**入力**

❷トピックを
選択

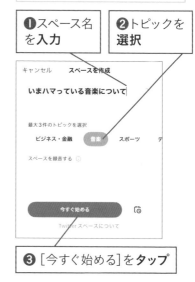

❸[今すぐ始める]を**タップ**

ここではユーザーを招待する

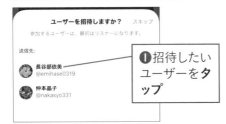

❶招待したいユーザーをタップ

招待するユーザーにチェックマークが付いた

❷ここをタップ

ユーザーに招待状が送信された

ここをタップすると、マイクがオンになる

ユーザーが参加するまで待つ

HINT Androidでスペースを作成するには

Androidでは、スペースや画像の投稿がツイート作成の [+] ボタンにまとめられています。ワザ110の「Androidの場合」を参考にツイート作成のメニューを開いて、一番上にある「スペース」をタップしてください。

❶ [ホーム] 画面右下の [+]をタップ

❷ [スペース]のここをタップ

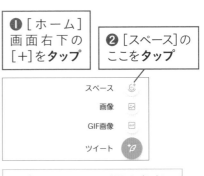

スペース

画像

GIF画像

ツイート

以降はiPhoneの手順を参考に操作する

LINE

Instagram

Facebook

Twitter

次のページに続く→

スペースにスピーカーを招待する

1 [ゲスト]画面を表示する

開催中のスペースにスピーカーとして
ユーザーを招待する

ここを**タップ**

2 [スピーカーを追加]画面を表示する

[ゲスト]画面が表示された

[スピーカーを招待]を**タップ**

3 ユーザーを選択する

[スピーカーを追加]画面が
表示された

❶ユーザー名を**入力**　❷ユーザー名を**タップ**

4 スピーカーの招待を送信する

ユーザーが指定できた

[スピーカーの招待を送信]を**タップ**

●まめ知識　Twitterは140文字の制限がありましたが、いまは英数字で280文字に拡張されています。

スピーカーを招待できた

[スピーカー] に招待したユーザーが表示された

❶ここを**タップ** ∨

❷ユーザーが参加するまで**待つ**

HINT **ホストとスピーカーとリスナーの役割**

スペースでは、話す人と聞く人の役割がはっきりと分かれています。スペースの作成者はホストとなり、スピーカーとして話してほしい人を選択できます。ホストをフォローしていなくても、シェアされたリンクから誰でもリスナーとして参加できます。リスナーは、話したいときにマイクの下にあるアイコンから、ホストに発言をリクエストできます。ホストが許可するとスピーカーになります。ホストを含む最大13人が同時に話すことができます。リスナーの人数に制限はありません。

---

6 招待したユーザーの詳細を確認できた

ユーザーアイコンが表示された

ここを上へ**スワイプ**

スペースの詳細画面が広がった

LINE

Instagram

Facebook

Twitter

次のページに続く——➔

スペースを終了する

1 スペースを終了する

❶ [終了]を**タップ**

❷ [終了する]を**タップ**

2 スペースが終了した

スペースが終了した

[×]を**タップ**

[ホーム]画面を表示する

スペースのツイートに [終了] と
表示される

まめ知識　リプライもリツイートもハッシュタグも、ユーザーの工夫から始まった機能です。

122

Twitterスペースに
リスナーとして参加しよう

自分がフォローしているユーザーがスペースを開始すると、タイムラインにスペースのツイートが表示されます。スペースにはリスナーで参加できますから、タップするだけで誰でも聞くことができます。発言したいことがあれば、ホストに発言をリクエストすることもできます。

スペースにリスナーとして参加する

1 スペースにリスナーとして参加する

自分がフォローしている人がスペースを作成するとツイートが表示される

❶ [聞いてみる]を**タップ**

スペースの詳細画面が表示された

❷ [聞いてみる]を**タップ**

2 リスナーとして参加できた

[リクエスト]をタップするとスピーカーとして参加のリクエストが送信される

HINT リスナーはリアクションやコメントができる

リスナーはスペース内で話すことはできませんが、絵文字を使って会話にリアクションできます。スペースは公開されているので、ほかの参加者のリアクションも見ることができます。絵文字だけでなく、感想などを文章でコメントしたいときには、ホストがスペースをツイートしていればリプライしたり、スペースで指定された共通のハッシュタグを付けたりしてつぶやくとよいでしょう。

LINE
Instagram
Facebook
Twitter

123

投稿の削除

投稿を削除しよう

Twitterでは基本的に、投稿したツイートを編集したり修正したりできません。間違ったことをつぶやいてしまったり、投稿するはずじゃない写真を添付したりしたときには、いったん削除して投稿し直すことになります。
もしものときに慌てないよう、削除の方法を理解しておきましょう。

ツイッター

Twitterでつぶやきを楽しもう

投稿を削除する

1 投稿の削除を開始する

[ホーム]画面を表示しておく

❶ここ（Androidでは□）をタップ

❷[ツイートを削除]をタップ

2 投稿を削除する

確認画面が表示された

[削除]を**タップ**

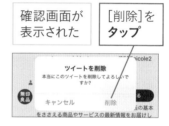

HINT プロフィール画面からも削除できる

過去のツイートを削除するときは、プロフィール画面をさかのぼって探すことができます。

ワザ108を参考に、プロフィール画面を表示しておく

ここ（Androidでは□）を**タップ**

●まめ知識 特定のユーザーのリツイートだけを非表示にできます。相手のユーザーページで設定します。

124

リツイートで情報を広める

重要なニュースや 面白い話題はRTしよう

リツイート（RT）は、とてもTwitterらしい機能です。タイムラインに流れてきた面白いツイートを、リツイートのアイコンをタップするだけで、そのままフォロワーに転送することができます。重要な情報や面白い話題など、フォロワーにも広めたいツイートを見たらリツイートしてみましょう。

情報をそのままリツイートする

1 リツイートをはじめる

リツイートするツイートを
表示しておく

ここを**タップ**

2 リツイートする

メニューが表示された

[リツイート]を**タップ**

次のページに続く⟶

LINE

Instagram

Facebook

Twitter

3 リツイートを確認する

リツイートのアイコンに色が付いて、リツイートの回数が表示された

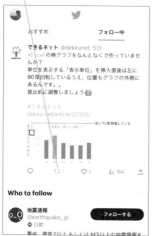

再度リツイートのアイコンをタップすると、リツイートを取り消せる

●フォロワーの画面

[(ユーザー名)さんがリツイートしました]と表示される

ツイート元のユーザーをフォローしていなくても、自分をフォローしているユーザーは、リツイートしたツイートが表示される

HINT リツイートは爆発的な速さで情報を広める

リツイートはTwitterならではの機能です。リツイートすると、フォロワーに向けてその情報が広まります。それを読んだフォロワーの何人かがリツイートすれば、さらにそのフォロワーにも情報が広まります。フォローでつながった人のネットワークを通じて情報がバケツリレーのように伝わるだけでなく、1人から一度にたくさんのフォロワーに情報が広がり、そこからさらにたくさんのフォロワーに情報が広がるので、本当に重要な話題や面白いツイートは爆発的な速さで広まります。リツイートには、もうひとついいことがあります。興味深いツイートが何人もの人の手を通じて自分のところに届きますが、リツイートを通じて、それまでにはまったく知らなかったユーザーとつながることができます。一方で、リツイートによって情報があっという間に広まることから、ウソや間違い、デマ情報が広まってしまうこともあります。衝撃的すぎるツイートを見たときには、慌ててリツイートする前によく読んで考えたり関連情報を調べてみたりするといいでしょう。

●まめ知識 リツイートは、同じツイートを繰り返す（re-tweet）という意味です。

125

引用ツイートを利用しよう

ワザ124で紹介したリツイートと似た機能に「引用ツイート」があります。引用ツイートでは、気になるツイートに「コメント」を付け加えて、自分のツイートとして投稿できます。元のツイートは埋め込まれるので、書き換えられることはありません。

引用ツイートを使ってツイートする

1 引用ツイートをはじめる

引用したいツイートを表示しておく

ここを**タップ**

2 ツイートを引用する

メニューが表示された

[引用ツイート]を**タップ**

次のページに続く→

LINE

Instagram

Facebook

Twitter

3 ツイートが引用された

ツイートの入力画面が表示された

ツイートがユーザー名を含めて
自動的に引用された

4 自分の意見を追加して
ツイートする

❶自分の意見を入力

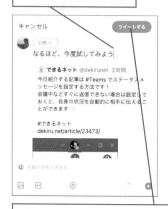

❷[ツイートする](Android
では[リツイート])を**タップ**

5 引用ツイートがタイムライン
に表示された

引用元のツイートが囲みで表示される

引用された相手にはメンション
として通知される

●フォロワーの画面

フォロワーにも、引用元の
ツイートが表示される

●まめ知識　ツイートの「投票」アイコンでアンケートを作成し、ほかのユーザーの回答を集計できます。

共感したツイートは [いいね]に入れよう

タイムラインにはたくさんのツイートが流れますが、一期一会で胸にグッとくる名言に出会うことがあります。そんなとき、ハートマークをタップして [いいね] に入れておきましょう。相手にも通知されるのでお互いに楽しい気持ちになります。

ツイートを [いいね]に登録する

1 [いいね]に登録する

[いいね] に登録したいツイートを表示しておく

ハートのアイコンを**タップ** ♡

2 [いいね]に登録できた

ハートのアイコンに色が付いて [いいね]に登録できた ♥ 1

再度ハートのアイコンをタップすると [いいね]から外せる

LINE

Instagram

Facebook

Twitter

次のページに続く→

［いいね］に登録したツイートを表示する

1 ［いいね］のツイートを表示する

ワザ108を参考に、自分のプロフィール画面を表示しておく

［いいね］を**タップ**

2 ［いいね］のツイートを確認できた

自分が［いいね］に登録したツイートが表示された

Twitterでつぶやきを楽しもう

HINT ［いいね］も世界中に公開される

ほかのユーザーのプロフィールを表示して（ワザ110）、上の手順と同様に［いいね］をタップすると、そのユーザーがどんなツイートに［いいね］しているか見ることができます。逆に、自分の［いいね］も公開されていて、誰からでも見られることに注意してください。内緒にしている趣味・嗜好に関係したツイート（たとえば好きなアイドルの画像など）をたくさん［いいね］していると、周りのフォロワーにはすっかり知られているということもあります。

キーワードで広く検索しよう

Twitterでは、世界中からさまざまな情報が投稿されます。検索を使いこなせば、話題の現場から最新の情報をリアルタイムで見つけられます。検索結果は［話題］と［最新］を切り替えられ、関連する「ユーザー」「画像」「動画」「ニュース」をまとめて表示できます。さらに［検索フィルター］で絞り込みもできます。

LINE

Instagram

Facebook

Twitter

キーワードで検索する

1 検索画面を表示する

［ホーム］画面を表示しておく

ここを**タップ**

2 キーワードで検索をはじめる

検索画面が表示された

最近よく使われているキーワードやおすすめ動画が表示される

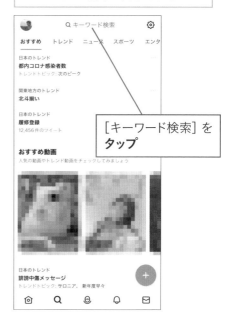

［キーワード検索］を**タップ**

次のページに続く──→

3 キーワードを入力する

❶検索したい語句（キーワード）を**入力**

キーワードに応じた候補が表示される

ここではそのまま検索する

❷［検索］（Androidでは虫眼鏡アイコン）を**タップ**

4 検索結果が表示された

ツイートの検索結果が表示された

［話題］（Androidでは［話題のツイート］）や［最新］などを切り替えて表示できる

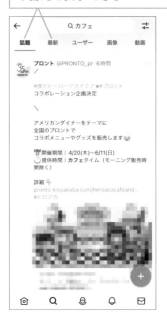

HINT 検索結果の［話題］と［最新］を使い分けよう

検索結果の上部にある［話題］（Androidでは［話題のツイート］）と［最新］を切り替えると、表示されるツイートが変わります。［話題］を選ぶと、多くの人がリツイートしたり返信したりしているなど、検索内容との関連性が高いツイートが表示されます。ただし、必ずしも新しい情報が表示されているとは限りません。検索内容との関連があまり高くなくても、キーワードにマッチするより新しいツイートを知りたいときには、［最新］をタップして切り替えてください。

検索条件を絞り込む

LINE

Instagram

Facebook

Twitter

1 [検索フィルター]画面を表示する

検索結果を表示しておく

ここをタップ

位置情報についての画面が表示されたときは、[Appの使用中は許可]をタップする

2 検索条件を選択する

ここでは近い場所のみのツイートに絞り込む

❶[近い場所のみ]をタップ

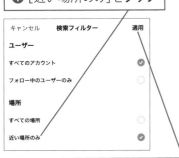

❷[適用](Androidでは[適用する])をタップ

3 検索結果が絞り込まれた

近い場所のみのツイートが表示された

HINT 画像や動画だけを検索するには

検索結果の上部には前ページのHINTで説明した[話題][最新]のほかに[ユーザー][画像][動画]といった内容に切り替えるためのタブがあります。[画像]をタップすると、画像を載せた関連ツイートだけが表示されます。[動画]では関連する動画のツイートを見ることができます。

128

情報を集める

いま（＝現在）のトレンド情報をつかもう

検索ボックスの下には、いまもっとも盛り上がっている「トレンド」が表示されています。はやっているハッシュタグや、みんなに注目されている事件や出来事が、ツイート数とともに表示されています。トレンドのハッシュタグやキーワードをタップすると、その検索結果が表示されます。

ツイッター

Twitterでつぶやきを楽しもう

トレンド情報を見る

1 検索画面を表示する

[ホーム]画面を表示しておく

ここを**タップ**

---

2 トレンドや話題のニュースを確認する

検索画面にトレンドが表示された

上に**スワイプ**

---

3 トレンドや話題のニュースを確認できた

トレンドや話題のニュースが一覧で表示された

> **HINT** 話題のニュースを読もう
>
> Twitterにはニュースサイトのアカウントも多く、たくさんのニュースがツイートされています。検索結果の画面で[ニュース]タブをタップすると、その瞬間にもっとも話題になっているニュース記事が表示され、多くの人の関心がどんな話題に集まっているのかを一覧で見ることができます。

●まめ知識 Twitterのアカウントには人間だけではなく、自動でツイートする「ボット」もいます。

129

フォロー／フォロワーを管理する

おすすめのユーザーを
フォローしよう

Twitterは、仲のいい知り合いや興味のある有名人をフォローすると楽しくなります。[おすすめユーザー]画面では、フォローするとよさそうなアカウントが、ユーザーごとにカスタマイズして表示されます。実際にフォローする前には、プロフィールを確認しておくといいでしょう。

おすすめのユーザーをフォローする

1 メニュー画面を表示する

[ホーム]画面を表示しておく

プロフィール画像を**タップ**

2 自分のプロフィール画面を表示する

メニュー画面が表示された

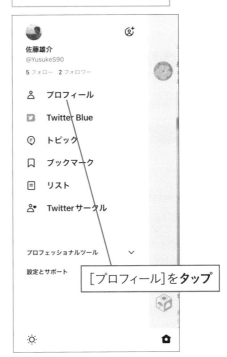

[プロフィール]を**タップ**

次のページに続く→

3 [おすすめユーザー]を表示する

自分のプロフィール画面が
表示された

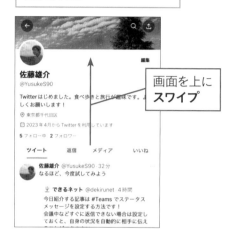

画面を上に
スワイプ

4 [おすすめユーザー]画面を表示する

[おすすめユーザー]が表示された

[さらに表示]を**タップ**

5 おすすめユーザーをフォローする

[おすすめユーザー]画面が
表示された

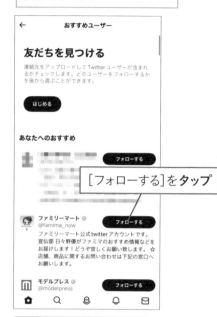

[フォローする]を**タップ**

おすすめユーザーをフォローできる

HINT アドレス帳の連絡先で
知り合いを見つける

スマートフォンの連絡先を同期す
ると、たくさんの知り合いがおす
すめされます。ワザ135の[プラ
イバシーと安全]画面で[見つけ
やすさと連絡先]をタップし[ア
ドレス帳の連絡先を同期]をオン
にします。アドレス帳にいる全員
とはつながりたくないときには、
オフにしておいたほうがいいで
しょう。

●まめ知識 ボットには天気予報や交通情報など、フォローしておくと役立つものもあります。

130

フォロー／フォロワーを管理する

フォロー／フォロワーを
確認しよう

フォローしている人数とフォローされている（フォロワーの）人数は、プロフィール画面で確認できます。自分のものだけでなく、他人のプロフィールから、その人のフォロー、フォロワーの人数と詳細も確認できます。フォロワーの一覧からはワンタッチでフォローできて便利です。

LINE

Instagram

Facebook

Twitter

自分のフォロワーを表示する

1 フォロー、フォロワーの 人数を確認する

ワザ129を参考に、プロフィール 画面を表示しておく

フォロー、フォロワーの人数が 数字でわかる

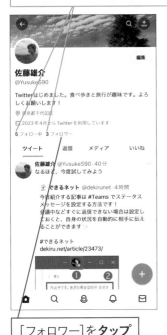

[フォロワー]を**タップ**

2 フォロワーを確認する

フォロワーの一覧が表示された

フォローしていないユーザーは [フォローする](Androidでは [フォローバック])と表示される

自分がフォローしているユーザーは [フォロー中]と表示される

[フォローする]をタップする とフォローできる

フォロー／フォロワーを管理する

特定のユーザーの
ツイートだけを見よう

自分の「フォロー」から特定のユーザーを探して、プロフィールを表示することができます。なお、タイムラインなどで見かけたアイコンやユーザー名は、タップするだけでプロフィールが表示されます。気になるツイートやリツイートがあったとき、前後の発言をチェックできます。

ツイッター

Twitterでつぶやきを楽しもう

特定のユーザーを探す

1 フォローの一覧を表示する

ワザ129を参考に、プロフィール画面を表示しておく

[フォロー中]
（Androidでは
［フォロー］）
をタップ

2 ユーザーを選択する

フォローの一覧が表示された

ユーザーを**タップ**

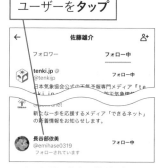

3 選択したユーザーの
ツイートが表示できた

選択したユーザーのタイムラインが表示された

HINT **特定のユーザーから
通知を受け取るには**

すべてのツイートを読み落としたくないユーザーについては、手順3の画面で［フォロー中］の左の鈴のアイコンをタップし、［アカウント通知］を［すべてのツイート］に設定するといいでしょう。

●まめ知識　他人の投稿を横取りする悪質なボットもいます。騙されないように注意しましょう。

「おすすめ」と「フォロー中」を切り替えよう

Twitterのタイムラインでは、ツイートが新しい順ではなく、興味や関心のありそうなツイートから表示します。さらに「おすすめ」では、フォロー外からのツイートも興味関心に応じて表示されます。フォローしているユーザーだけを読みたいときは「フォロー中」を選択します。

ツイート表示を切り替える

1 [おすすめ]のツイート表示に切り替える

ここでは、フォローするユーザー以外のツイートも表示されるように切り替える

[おすすめ]を**タップ**

2 [おすすめ]のツイートが表示された

おすすめのツイートが表示された

HINT おすすめに使用されるトピックとは

ワザ108を参考にメニュー画面を表示して[トピック]をタップすると、表示されるツイートなどに使用されるトピックをフォローしたり解除したりできます。

LINE

Instagram

Facebook

Twitter

133 フォロー／フォロワーを管理する

リストで話題を見やすくしよう

ユーザーをたくさんフォローしていくと、タイムラインにはさまざまな話題が入り乱れます。楽しい反面、ひとつの趣味や仕事の情報を集めるには不便です。そこで「リスト」を作成して、ある話題に関係のあるユーザーを登録しておくと、まとまった情報がチェックできます。

ツイッター

Twitterでつぶやきを楽しもう

リストを新しく作る

1 リストの表示をはじめる

[ホーム]画面を表示しておく

プロフィール画像を**タップ**

2 [リスト]画面を表示する

メニューが表示された

[リスト]を**タップ**

HINT フォローしていなくても
リストに登録できる

フォローしていないユーザーもリストに登録できます。すぐに応答したいユーザーだけフォローしておいて、リストは特定の情報を集めたいときだけ見るようなユーザーを登録しておくといいでしょう。

まめ知識　ほかのユーザーが作ったリストを [新しいリストを見つける]でフォローできます。

3 リストを新規作成する

[リスト]画面が表示された

すでにリストがあれば、[自分の
リスト]に表示される

ここを**タップ**

4 リストを新規作成する

[リストを作成]画面が表示された

❶リスト名（ここでは「カフェ・
食べ歩き」）を**入力**

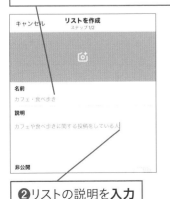

❷リストの説明を**入力**

5 リストを保存する

初期状態では「公開」
に設定されている

[作成]を
タップ

6 リストの作成を完了する

[リストに追加]画面が表示された

アカウント名や名前を入力すれば
ここからユーザーを追加できる

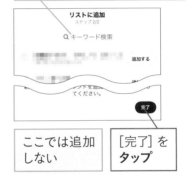

ここでは追加
しない

[完了]を
タップ

7 リストを作成できた

作成したリストが表示された

次のページに続く➡

LINE

Instagram

Facebook

Twitter

リストにユーザーを追加する

1 ユーザーの追加をはじめる

ワザ110を参考に、追加したい
ユーザーのプロフィール画面を
表示しておく

ここを**タップ** ...

Androidでは🅑をタップする

2 [リスト]画面を表示する

メニューが表示された

[リストへ追加または削除]
（Androidでは［リストに追
加/削除]）を**タップ**

3 リストを選択する

自分のリストの一覧が表示された

リストを**タップ**

4 ユーザーをリストに追加する

リストにチェックマークが付いて
リストに追加された

もう一度リストをタップ
するとチェックマーク
を外せる

ここを**タップ** ←

ユーザーがリストに追加され、
手順1の画面に戻る

リストに追加したユーザーのツイートを表示する

1 リストを選択する

286ページの手順1 〜 2を参考に、
リストの一覧を表示しておく

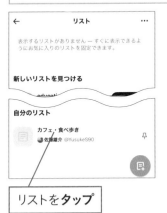

リストを**タップ**

2 ツイートが表示された

リストに追加したユーザーのツイート
が表示された

リストに追加したユーザーを確認／削除する

1 ユーザーを確認する

上の手順1 〜 2を参考に、リストの
画面を表示しておく

[リストを編集]を**タップ**

2 ユーザーを削除しはじめる

[リストを編集]画面が表示された

[メンバーを管理]
を**タップ**

LINE

Instagram

Facebook

Twitter

次のページに続く━━➤

3 ユーザーを削除する

ユーザーの管理画面が表示された

[削除]をタップすればそのユーザー
をリストから削除できる

HINT プライベートなリストは
非公開にしておこう

作成したリストは、初期設定では
公開されており、ほかのユーザー
が見たり、フォローしたりできます。
285ページの手順5の画面にある
ように、リストを「非公開」にもで
きますから、プライベートな情報
を含むリストは非公開にしておく
といいでしょう。

リストを削除する

1 リストを削除する

前ページの手順を参考に、[リスト
を編集]画面を表示しておく

❶[リストを削除]
をタップ

❷確認の画面が表示されるので、
再度[リストを削除]をタップ

リストが削除される

HINT 自分がリストに
登録されると通知が届く

リストにユーザーを追加すると、
追加した相手に通知されます。同
様に自分がリストに追加されても
通知が届きます。ただし、非公開
リストだと通知されません。

リストに登録されると
通知が届く

フォローを解除しよう

知り合いをフォローしたけど趣味が合わなかったり、好きだと思うブランドや有名人のはずがイメージと違ったり興味がなくなったりすることがあります。興味があればフォローし、なければフォローを解除して、読みたいタイムラインを保っておくことが、Twitterを長く楽しむコツです。

フォローを解除する

1 フォローの一覧を表示する

ワザ108を参考に、プロフィール画面を表示しておく

[フォロー中]（Androidでは [フォロー]）を**タップ**

2 フォローの解除をはじめる

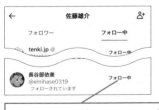

フォローを解除したいユーザーの [フォロー中]を**タップ**

Androidではすぐにフォローが解除される

3 フォローを解除する

メニューが表示される

[○○（ユーザー名）さんのフォローを解除]を**タップ**

4 フォローを解除できた

[フォローバックする]（Androidでは [フォローバック]）という表示に変わった

フォローが解除された

LINE

Instagram

Facebook

Twitter

135

プライバシーを設定する

フォロワーだけに公開するには

Twitterでは、自分のツイートは誰でも読める状態で公開されていますが、公開先をフォロワーに限定して、全体には非公開にすることもできます。非公開にすると、フォローされるときにフォローリクエストが届くので、そのユーザーにツイートを公開してもよければ許可します。

ツイッター

Twitterでつぶやきを楽しもう

ツイートを非公開にする

1 [設定とサポート]画面を表示する

ワザ133を参考に、メニューを表示しておく

[設定とサポート]を**タップ**

2 [設定]画面を表示する

[設定とサポート]画面が表示された

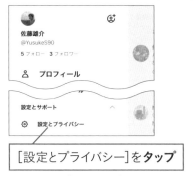

[設定とプライバシー]を**タップ**

3 [プライバシーと安全]画面を表示する

[設定]画面が表示された

[プライバシーと安全]を**タップ**

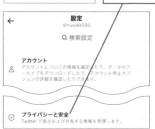

4 [オーディエンスとタグ付け]画面を表示する

[オーディエンスとタグ付け]を**タップ**

290　●まめ知識　「Togetter」（https://togetter.com/）ではTwitterの面白いやりとりの記録が読めます。

5 設定を完了する

[ツイートを非公開にする]
のここを**タップ**

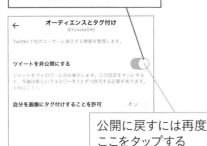

公開に戻すには再度
ここをタップする

ここを**タップ** 🏠

Androidでは [←] を複数回タップ
して [ホーム]画面を表示する

6 ツイートを非公開にできた

鍵のアイコンが表示された 🔒

ツイートを非公開にできた

●フォロワー以外のユーザーが プロフィールを見たときの画面

[ツイートは非公開で
す。]と表示される

ツイートは非公開です。

@YusukeS90さんから承認された場合のみツイート
やプロフィールの表示ができます。[フォロー する] を
タップすると承認リクエストが送信されます。

HINT フォロー申請がきたら 承認する

非公開のアカウントでは、フォ
ロー申請を承認するかどうか1つ
ずつ確認します。フォローされた
くなければ、許可しなくてもかま
いません。

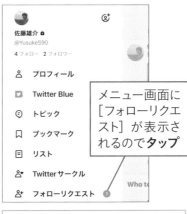

メニュー画面に
[フォローリクエ
スト] が表示さ
れるので**タップ**

許可するならチェックマークを、
許可しないなら[×]をタップする

136

プライバシーを設定する

見たくないユーザーを
タイムラインで非表示にしよう

フォロー解除したりブロックしたり（ワザ137）しなくても、特定のユーザーのツイートがタイムラインに表示されないよう「ミュート」することができます。興味がないユーザーがリツイートや検索でよく表示されるときに便利です。フォローを解除したくない人にも使えます。

ツイッター

Twitterでつぶやきを楽しもう

ミュートする

1 相手のプロフィール画面から メニューを表示する

ワザ110を参考に、ミュートしたいユーザーのプロフィール画面を表示しておく

ここ（Androidでは）を**タップ**

2 ミュートを実行する

[（ユーザー名）さんをミュート]（Androidでは[ミュート]）を**タップ**

確認画面が表示されたときは、[はい]をタップする

3 ミュートできた

ここ（Androidでは［ミュートを解除］）をタップするとミュートを解除できる

HINT フォロワーのメンションは [通知]でわかる

ミュートするとタイムラインには表示されませんが、ツイートそのものは見ることができます。またフォロワーからのリプライやメンションは［通知］にお知らせが届くので、ツイートを開いて確認できます。

●まめ知識　ブロックすると、フォローしているときも、されているときも、ともに解除されます。

137

プライバシーを設定する

迷惑なユーザーは
ブロックしよう

ただ読みたくないだけでなく、こちらのツイートも読まれたくない、いっさい関わりたくないといったユーザーは、ブロックすることもできます。ブロックした相手からはあなたのツイートが見られなくなり、フォローもできません。代わりにブロックしているというメッセージが表示されます。

LINE

Instagram

Facebook

Twitter

ユーザーをブロックする

1 メニューを表示する

ワザ110を参考に、迷惑ユーザーの
プロフィール画面を表示しておく

ここ（Androidでは■）を**タップ**

2 迷惑ユーザーをブロックする

[（ユーザー名）さんをブロック]
（Androidでは[ブロック]）を**タップ**

3 ブロックを実行する

確認画面が表示された

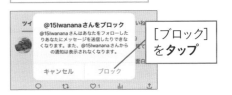

[ブロック]
を**タップ**

4 迷惑ユーザーをブロックできた

[ブロック中]（Androidでは[ブロック済み]）と表示された

相手には自分のツイートが表示されなくなる

プライバシーを設定する

複数のアカウントを
切り替えて使うには

Twitterでは複数のアカウントを取得することができますが、特にアプリでは追加も切り替えも簡単です。プライベートと仕事で使い分けたり、鍵のかかったアカウントを別に使いたいときなどに便利でしょう。新しいアカウントを作成して追加することもできます。

ツイッター

Twitterでつぶやきを楽しもう

2つ目のアカウントを作成する

1 アカウントのメニューを表示する

[ホーム]画面を表示しておく

❶プロフィール画像を**タップ**

❷ここ（Androidでは◎）を**タップ**

2 アカウントを作成する

メニューが表示された

[新しいアカウントを作成]を**タップ**

アカウント作成画面が表示されるので、ワザ105を参考に、新しいアカウントを作成する

2つ目のアカウントが作成できた

アカウントを切り替える

1 メニュー画面を表示する

作成したアカウントの [ホーム] 画面
を表示しておく

プロフィール画像を**タップ**

2 アカウントを切り替える

メニュー画面が表示された

切り替えたいアカウントの
プロフィール画像を**タップ**

3 アカウントが切り替えられた

選択したアカウントの [ホーム] 画面
が表示された

HINT プロフィール画像が 表示されない場合は

切り替えるアカウントのプロフィー
ル画像は、2つまで表示されま
す。それ以上のアカウントを利用
している場合には、手順2の画面
で [⋯] をタップすると、ログイン
しているすべてのアカウントのプ
ロフィール画像が表示されます。

タップで切り替えられる

2要素認証を設定するには

セキュリティを強化して不正アクセスから守るため、パスワードだけでなく、別の要素でも認証するよう設定できます。2要素認証によるログインでは、確認コードを取得する「Google認証システム」などの認証アプリが必要ですが、iPhoneではシステム設定のパスワードから設定できます。

ツイッター

Twitterでつぶやきを楽しもう

認証アプリを設定する

iPhoneの画面

1 [パスワードを追加]画面を表示する

Face IDを設定しておく	[設定]アプリを起動する

❶画面を下に**スクロール**

❷ [パスワード]を**タップ**

❸ [+]を**タップ**

2 Twitterの情報を登録する

[パスワードを追加]画面が表示された

❶TwitterのWebページを**入力**

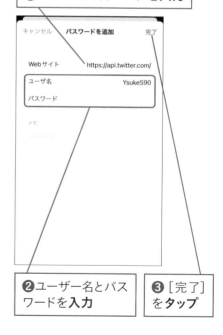

❷ユーザー名とパスワードを**入力**

❸ [完了]を**タップ**

● まめ知識　Twitter Blueの利用者は2要素認証の手段としてSMSも選択できます。

3 Twitterの情報が登録できた

Twitterのユーザー名とパスワードが
登録できた

●Androidの画面

6〜7ページを参考に、
[Google認証システム]
をインストールする

LINE

Instagram

Facebook

Twitter

2要素認証を設定する

1 [セキュリティ]画面を表示する

ワザ135参考に、[設定]画面を
表示しておく

❶ [セキュリティとアカウント
アクセス]をタップ

❷ [セキュリティ]を**タップ**

2 認証方法を選択する

[セキュリティ]画面が表示された

ここでは、認証アプリを
使って2要素認証を行う

[認証アプリ]のここを**タップ**

次のページに続く⟶

できる 297

3 パスワードを入力する

パスワードの入力
画面が表示された

❶パスワード
を**入力**

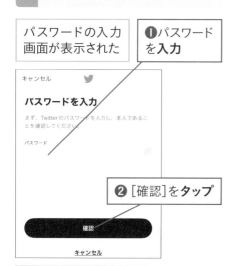

❷ [確認]を**タップ**

[メールアドレスを追加] 画面が表示
されたときは、画面の指示に従って
メールアドレスを設定し、認証コー
ドを入力する

4 認証アプリの登録を開始する

**わずか2ステップでアカウント
を保護する**

❶ [はじめる]
を**タップ**

認証アプリを Twitter アカウ
Use a compatible authentication a
iOS AutoFill, Google Authenticator, Auth...

はじめる

**アプリを Twitter アカウントに
登録**

❷ [Link app]
を**タップ**

互換性のある認証アプリをこの端末にインス
ていることを確認してください（iOS AutoF
Google Authenticator, Authy, Duo Mob
1Password など）。詳細はこちら以下の
すると、コードをコピーする前にアプリで Twitter ア
ントの選択が必 あります。準備

Link app

別の端末でリンク

5 認証コードを表示する

Face IDが認証され、[パスワード
を自動入力]画面が表示された

[twitter.com]を**タップ**

確認コードの追加先パスワードを選択してください

キャンセル　**パスワードを自動入力**

Q 検索

twitter.com
YsukeS90

ⓘ

Androidでは、[Google認証システ
ム]アプリで [OK]をタップする

6 認証コードを確認する

❶ [認証コード]を**確認**

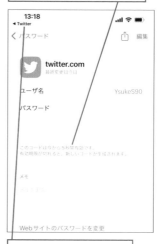

13:18
◀ Twitter

く パスワード

↥ 編集

twitter.com
最終変更日うll

ユーザ名　　　　　　　YsukeS90

パスワード

このコードは今から5分間有効です。
有効期限が切れると、新しいコードが生成されます。

メモ

Webサイトのパスワードを変更

❷ [Twitter]を**タップ**

Androidでは [Google認証システム]
で確認コードをタップしてコピーし、
再び [Twitter]アプリを開く

7 認証コードを入力する

[認証コードを入力]画面が
表示された

❶認証コード
を**入力**

❷[確認]を
タップ

8 認証アプリの設定が完了した

「完了しました」と表示された

[完了]を**タップ**

●新しい端末で[Twitter]アプリにログインする場合

新しい端末で[Twitter]アプリを
起動する

❶[ログイン]を**タップ**

続く画面でユーザー名とパスワード
を入力する

❷[設定]アプリの[パスワード]
画面(Androidでは[Google認証
システム]アプリ)で認証コード
を確認

❸認証コード
を**入力**

❹[次へ]を
タップ

[ホーム]画面が
表示される

アカウントを削除するには

Twitterを完全に退会するときには、ただアプリを削除するのではなく、次の手順でアカウントを削除します。これまでのツイートもすべて削除されます。なお、Twitterではアカウントを削除してしばらくするとユーザー名を再利用できるので、別人がその名前を使いはじめることがあります。

ツイッター

Twitterでつぶやきを楽しもう

アカウントを削除する

1 [アカウントを削除]画面を表示する

ワザ135を参考に削除したいアカウントの [設定]画面を表示しておく

❶ [アカウント]を**タップ**

❷ [アカウントを停止する]を**タップ**

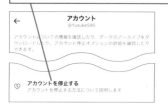

2 [パスワードを確認]画面を表示する

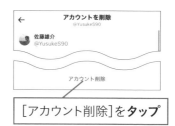

[アカウント削除]を**タップ**

3 アカウントを削除する

[パスワードを確認]画面が表示された　❶パスワードを入力

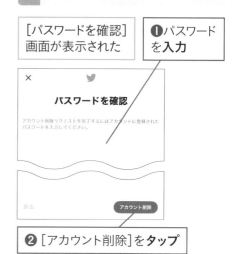

❷ [アカウント削除]を**タップ**

❸確認画面で [削除する]を**タップ**

HINT アカウントを復活させるには

削除したアカウントは、30日以内であれば再びログインするだけで復活できます。消えたツイートなども、しばらくすると元に戻ります。

🔍 索引

索引

■著者

田口和裕（たぐち かずひろ）
タイ在住のフリーライター。ウェブサイト制作会社から2003年に独立。
雑誌、書籍、IT系ニュースサイトなどを中心に、ソーシャルメディア、暗
号通貨、NFT、生成系AIなど、コンシューマー系エンタープライズ系問わ
ず幅広くIT記事を執筆。著書は「最新 図解で早わかり 人工知能がまるご
とわかる本」（ソーテック・共著）「ゼロからはじめるテレワーク実践ガイ
ド ツールとアイデアで実現する「どこでも仕事」完全ノウハウ（できるビ
ジネス）」（インプレス・共著）など多数。
Amazon著者ページ：http://amzn.to/hvm19A

森嶋良子（もりしま りょうこ）
IT系ライター、エディター。ウェブサービスやパソコンデジタルガジェット
の活用ガイドやSNSの活用ガイドを中心に執筆。
著書に「今すぐ使えるかんたん ぜったいデキます！ タブレット超入門」（技
術評論社）、「できるfit YouTube 基本+活用ワザ 最新決定版 できるfitシ
リーズ」（インプレス・共著）など。
Twitter：@morishima
Facebook：https://www.facebook.com/mrsm.jp

毛利勝久（もうり かつひさ）
IT系ライター・編集者。1995年ごろからインターネット関連書籍の編集に
携わる。オープンソースおよびソーシャルメディアの領域を中心に執筆・編
集活動を行い、現在は国内ブログメディア事業者に勤務。
Twitter：@mohri
ブログ: http://mohritaroh.hateblo.jp/

STAFF

カバーデザイン	伊藤忠インタラクティブ株式会社
本文フォーマット	株式会社ドリームデザイン
DTP制作／編集協力／校正	株式会社トップスタジオ
デザイン制作室	今津幸弘
	鈴木　薫
編集協力	今井あかね
デスク	渡辺彩子
編集長	柳沼俊宏

■商品に関する問い合わせ先

このたびは弊社商品をご購入いただきありがとうございます。本書の内容などに関するお問い合わせは、下記のURLまたは二次元バーコードにある問い合わせフォームからお送りください。

https://book.impress.co.jp/info/

上記フォームがご利用いただけない場合のメールでの問い合わせ先
info@impress.co.jp

※お問い合わせの際は、書名、ISBN、お名前、お電話番号、メールアドレスに加えて、「該当するページ」と「具体的なご質問内容」「お使いの動作環境」を必ずご明記ください。なお、本書の範囲を超えるご質問にはお答えできないのでご了承ください。

- 電話やFAXでのご質問には対応しておりません。また、封書でのお問い合わせは回答までに日数をいただく場合があります。あらかじめご了承ください。
- インプレスブックスの本書情報ページ https://book.impress.co.jp/books/1122101170 では、本書のサポート情報や正誤表・訂正情報などを提供しています。あわせてご確認ください。
- 本書の奥付に記載されている初版発行日から3年が経過した場合、もしくは本書で紹介している製品やサービスについて提供会社によるサポートが終了した場合はご質問にお答えできない場合があります。

■落丁・乱丁本などの問い合わせ先
FAX 03-6837-5023
service@impress.co.jp
- 古書店で購入されたものについてはお取り替えできません。

できるfit
LINE & Instagram & Facebook & Twitter
基本 & やりたいこと140

2023年5月21日　初版発行

著　者　田口和裕・森嶋良子・毛利勝久 & できるシリーズ編集部

発行人　小川 亨

編集人　高橋隆志

発行所　株式会社インプレス
　　　　〒101-0051　東京都千代田区神田神保町一丁目105番地
　　　　ホームページ　https://book.impress.co.jp/

印刷所　株式会社 暁印刷
ISBN978-4-295-01647-2 C3055

Printed in Japan